密探《ミッタン》

日本で暗躍する中国のスパイ

時任兼作

Kensaku Tokito

宝島社

密探《ミッタン》——密偵、スパイを意味する中国語

はじめに

中東・レバノンでポケベル、トランシーバーが相次いで爆発。多数の死傷者が――。

この原稿を書きはじめた頃、そんなニュースが世界を駆け巡った。被害者はイスラエルと対立する在レバノンのイスラム教シーア派組織・ヒズボラのメンバーらだ。発生直後からイスラエルによる工作との見方が出ていたが、当のイスラエルがコメントを避け続けたため、「まさか⁉　そんなことまでしないだろう」という憶測も流れた。が、イスラエルは、やがてこう発したのである。

「軍は、シンベット（国内諜報機関）、モサド（対外諜報機関）とともに素晴らしい成果を上げた」

事実であったわけである。

諜報や工作といった仄暗《ほのぐら》い道を取材でたどっていると、この世界が別物に見えてくる。「まさか⁉」というのが、この世界では常識だからだ。その類の事例があまたある。覇権国家や専制君主、戦争などといったものがなくならない限り、減ることもない。いま戦争を断行するイスラエルやロシア、専制体制下にある中国を見ればわかるとおりで、むしろ加速するばかりだ。

日本とのかかわりで言えば、ロシアのプーチン大統領、中国の習近平主席が自身の基盤を盤石にしたあたりから、深刻な状況にある。ここ数年のことだ。

2020年1月、プーチン大統領は、憲法改正を提案し、同年7月に断行。これにより大統領の任期制限を緩和した。通算2期12年までとの規定こそ残したものの、これまでの任期はカウントしないとしたのである。この新規定のもと、2024年3月に大統領に就任したプーチン氏は、2036年まで大統領であり続けるとみられている。現在、70歳を超える年齢からして、終身体制を確立したと言えよう。

一方、習主席は、2018年3月、2期10年とする国家主席の任期制限を撤廃すると同時に、「習近平の新時代の中国の特色ある社会主義思想」という政治理念を盛り込んだ憲法改正を行い、終身体制への道を開いたのである。

かくして、専制君主となった両氏は、戦争をも辞さぬ覇権主義をむき出しに熾烈な諜報工作を展開し始めた。結果、「まさか⁉」が多発しているわけだが、にもかかわらず、それに対する認識は低い。安全保障は、どこか他人事といった風潮すら見受けられる。

その最大の理由は新聞、テレビにあろう。これらのメディアは、警察が摘発しない、すなわち事件化しないものについては、ほぼ報じないからだ。そのため、多くの国民は、この国でどんな諜報工作が密かに行われているのか、具体的に知ることがあまりなく、なかなか危機感を抱くことがない。

他方、諜報工作を摘発する立場の警察の公安部門は、情報収集を最大の任務と自任し、保秘をモットーとする。そもそも摘発自体、情報収集の妨げになるとして、避ける傾向があるほどだ。なまじ事件化して、情報収集対象者らが身を隠したり、警戒を強めるなどしたら、情報が取りにくくなるとみているからだ。収集した情報を漏らすことがタブー視されるのも、同じ理由による。

それゆえ、公安部門を対象とした取材は困難を極め、事件化にとらわれない雑誌や書籍であっても、あまり報じられることがない。

それをいいことに、専制国家は、やり放題なのである。とりわけ、ここ数年の中国は、目に余る。それこそ日夜、あれこれ仕掛けていると言っても過言ではない有様だ。

本書では、深刻な事例を中心に、その一部を取り上げていく。別の意味での「密探」――仄暗く困難な道をひたすら歩み、公安部門に限らず、海外の情報機関の関係者、さらには諜報工作当事者らとも接触し、中国・習体制下の「まさか⁉」を密かに探った数年にわたる記録である。

2024年11月　著者

第二章 産業スパイ——照明、携帯ゲーム、ペット、ゴミ……

第三章 潜入、占拠——幼稚園、学習院、離島、老舗割烹……139

第一章

習近平の野望

——コロナ、尖閣、秘密部隊……

コロナ対策で日本が中国に配慮した？
コロナ禍をいいことに中国は、尖閣を奪取しようとした？
そのための極秘部隊まで作った？
いまも建国の父・毛沢東の真似をしている？
まさか!?
だが、実は、そうではなかったようだ。

新型コロナウイルス対応で後手に回った日本政府背後に中国の政治工作が……

2020年3月、新型コロナウイルス対策で日本政府が後手に回った理由に関して、巷《ちまた》では由々しき指摘がなされていた。日本政府要人らが中国に籠絡されていたというのである。

にわかには信じがたい話だが、2020年当時、中国の諜報活動や政治工作の事情に通じる外事関係者は、あっさりと肯定した。そして、コロナにかかわる別の事例を取り上げ、そこから中国の巧みな工作ぶりについて解説を始めた。

「中国の手は実に長い。その昔のソ連のようだ。新型コロナウイルスの感染拡大直後のWHO（世界保健機関）トップの対応を見れば、それもうなずけるはずだ。中国の政治工作が功を奏したことに疑いの余地はない」

ＷＨＯは、新型ウイルスの発生現場とされる中国・武漢が都市封鎖された２０２０年1月23日、緊急委員会を開いたものの、「緊急事態にはあたらない」との判断を下し、その宣言を見送った。前日には、テドロス・アダノム・ゲブレイェソス事務局長が「（緊急事態宣言という）結論を出すにはもっと情報が必要だ」との見解も示していた。（敬称略。肩書などは当該事案時のもの。以下同）。

また、同月28日、習主席と会談したテドロス事務局長は、「迅速で効果的な措置を取ったことに敬服する」と中国を持ち上げたのである。しかし、その2日後、緊急事態宣言を余儀なくされた。

こうしたＷＨＯの不可解な対応に対し、2月12日に行われた記者会見で「ＷＨＯは、中国を褒めるよう中国政府から依頼や圧力を受けているのか」との追及の声が上がったが、テドロス事務局長は、「中国のしたことを認めて何が悪いのか」と反論。「中国は、感染の拡大を遅らせるために多くのよいことをしている」と強弁したのだった。

しかも、ＷＨＯは、その後も中国と連携して動いた。中国の専門家と合同の調査チームを組み、調査を実施。2月末には報告書を公表したが、「新型ウイルスは感染力が強く、すでによく知られている病原体だけをもとにした対策では人命を救えない恐れがある」と警告する形で、被害が拡大したのもやむを得ないとのトーンをにじませたのである。

WHOのトップだけでなく、加藤厚労相も

外事関係者が語る。

「WHOのトップと同様に、日本政府中枢への工作があったとみるのが順当。物も人も行き来が多く、日本が中国にとって政治的にも経済的にも重要な相手国となっている以上、してないわけがない。実際、いくつかの事例が聞こえてきている」

同関係者が把握している事例は政治家、官僚を中心に多々あるというが、今回は日本政府の意思決定に大きく影響を与えたとみられるものをピックアップし、詳述した。

コロナ禍において、外事関係者が第一に言及したのは、新型コロナウイルスの対応窓口のトップ・加藤勝信厚生労働相についてのことであった。加藤と中国の関係を如実に物語るエピソードが、その当時、注目されているためでもあったようだ。

「入国制限の緩さなど中国に対する甘い対応との関連で、2年ほど前の加藤の訪中の件が永田町でいま密かに話題になっている」

外事関係者は、そんな内幕を明かした。

2018年7月末の訪中のことだという。当時も厚生労働相を務めていた加藤は、北京入りし、日本からの無償ODA（政府開発援助）で建てられた中日友好病院などを視察した。出迎えたのは、孫陽・中日友好病院院長。「中日友好病院を通じて中国から2000人以上の留学生を日本に派遣しており、東京大学、京都大学など12組織と学術交流している」と日中

の交流をアピールした。

　これに対して加藤は、高齢者医療のありようなどに関心を示し、今後の高齢化社会を視野に、「医学交流における同病院の役割に期待している」などと述べたという。

　極めて友好的かつ前向きな視察であるかに見える。だが、これが当時も物議を醸した。というのも、この病院には数々の〝暗部〟があったからだ。

　そもそも設立の経緯がいかがわしいものであった。橋本龍太郎元首相が中国の女スパイに籠絡されるなか、病院の建設費用となったODAは実行に移されたのである。

　外事関係者は、「日本版プロヒューモ事件」とも言われるハニートラップ事件だ、と解説した。

「プロヒューモ事件」とは、1962年、英国のハロルド・マクミラン政権の陸軍大臣であったジョン・プロヒューモが、ソ連の諜報員と親交のあった売春婦に国家機密を漏らしたとされるもので、同政権崩壊の引き金となった英政界のスキャンダルであるが、それと同じような工作によってODAが投下されたというのだ。

　同関係者が続ける。

「日本版は、のちに政権トップに立った人物がターゲットだった。1996年に首相に就任した橋本のことで、工作したのは中国という案配だ。

　工作が始まったのは、1970年代末。当時、在日中国大使館に勤務していた中国公安部の女性課報部員がホテルニューオータニのロビーで橋本の前で白いハンドバッグを落とし、それを拾ってもらったことがきっかけだった。

その後、ふたりは逢瀬《おうせ》を重ね、男女の関係を結んだが、実はこの間、女性部員は、中国への無償ODAのための働きかけを行っていた。これは女性部員に課せられたミッションであり、北京市の中日友好病院と長春市の白求恩医科大学（現吉林大学白求恩医学部）付属病院への資金援助という具体的なプロジェクトも抱えていた。橋本への接近はそのためであった。当時、橋本が大平政権で厚生相を務めていたからだ。

大平正芳首相は、1979年に訪中した際に、中日友好病院の建設への資金協力を表明。ODAは1981年に供与され、病院は1984年に完成した。また、橋本は、1988年、この女性部員を通訳と称して訪中に伴い、白求恩医科大学付属病院建設等の実状調査に臨んでいる。そして、橋本が大蔵大臣に転じたのちの1990年には、前年の天安門事件を受けて凍結されていたODAを解除し、26億円の援助を実行した。女性部員のミッションは誰に知られることもなく、水面下で粛々と果たされたわけである」

一連の経緯は、その後、報道等で明らかにされ、国会でも追及された。橋本は、通訳として職務上接点があっただけ、と強弁。「通訳として彼女が知り得たことは別として、政治家としてあるいは閣僚として国益を損なうような話をしたことはない」と突っぱねたが、事実経過を追うと背景にスパイ工作があったことは否めそうにない。

臓器売買の中日友好病院にODAが

問題はまだある。ODAが供与された病院は臓器売買が行われている現場だというのだ。

中日友好病院の肺移植センターは、2017年の肺移植件数において中国全土で第2位の座を獲得しており、同センター長は、「中国の移植技術を一帯一路関係国（周辺国）にも伝えたい」と胸を張るが、この移植が犯罪行為によって成り立っているとされるのである。

『中国における臓器移植を考える会』の事務局長は、こう語った。

「政治犯や思想犯ら無実の囚人から人体器官を収奪し、これを国内外の富裕層に売り捌《さば》いているというのが中国の移植の実態。われわれは、『悪魔の医療ビジネス』と呼んでいます」

『法輪功迫害追跡国際組織（WOIPFG）』も2018年7月に発表した報告書で、収監者らの臓器の不正使用が継続的に行われている可能性が高い、と指摘している。中国本土の病院に対する電話調査を行ったところ、中国では臓器移植手術の件数が、ドナー数をはるかに上回るという不自然な状況が続いているというのである。

これだけでも由々しいことだが、この病院が孕《はら》む問題は臓器移植だけではないようだ。

前出の外事関係者は、こんな指摘をした。

「ゲノム編集（遺伝子改変技術）やiPS細胞（人工多能性幹細胞）を用いた再生医療など最先端技術を狙っての工作拠点ともみられている。東大や京大に留学生として工作員を送り込み、機密情報を中国に持ち帰らせれば、人体実験さえ辞さない国のこと、あっという間に日本を追い抜き、完成されたものを作り上げてしまう」

加藤は、こうした病院をわざわざ訪問したわけである。

前出の事務局長が人道的観点から批判の声を上げた。

「中日友好病院自らが言っているように、ここから多数の留学生が日本に派遣されるなど人材交流がなされている。換言すれば、この『悪魔の医療ビジネス』に日本の医学と医療技術が利用され、また、資金が投入されていると言える。まして、日本の医療行政のトップが訪問し、お墨付きを与えるようなことをしているのを考えると、日本の医学界、政界がバックアップしているようなもの。非道行為に加担しているとの批判は免れない」

一方、外事関係者は、臓器移植の問題に加えて、この病院の来歴やスパイの工作拠点としての可能性を踏まえて、別の角度から批判した。

「留学生のことは病院長自身が語っていることだし、ハニートラップについても国会で問題になった以上、加藤も知らぬはずはない。もちろん臓器移植に関する問題指摘の声も耳に届いているはずだ。にもかかわらず、あえて厚生労働相として訪問し、友好関係を謳うとなると、これはもう中国に媚びているとしか考えられない。すでに中国の手に落ちているのではないか」

もっとも、加藤の件は、2018年10月に実施された安倍首相の訪中に向けての地ならしだったとみる向きもあった。しかし、訪問先は、ほかにも多々あろう。中日友好病院の視察は不自然すぎると言うほかなく、それと同様の不自然さがコロナ対応にもみられると永田町ではささやかれているというのである。

今井尚哉首相補佐官と中国との太い関係

外事関係者が続ける。

「新型コロナウイルス対策で圧倒的な主導力を発揮した今井尚哉《たかや》首相補佐官にも、中国は、手を伸ばしている」

今井補佐官といえば、当時、対応窓口のトップである厚生労働相の加藤はもとより、菅義偉官房長官らをも蚊帳の外に置き、学校の一斉休校を要請したことで一気に注目を集めると同時に非難も呼んだ御仁だ。だが、政府内ではこれに関連し、別の問題を指摘する声が少なくなかったという。

政府関係者が語る。

「ウイルス発生源である中国に対する姿勢が問題視されていた。政府の配慮が著しいからだ。コロナが発生した当初、中国人の入国制限をすぐに行わなかったり、制限範囲が狭かったりしたことに始まり、発生原因に関して『生物兵器説』や『研究施設からの流出説』などが流布されたことについても黙殺。中国政府の後手後手に回った感染拡大防止のありように言及することもなかった。反対に中国のメディアが日本の対応が甘いと批判しても、ろくに反論もしなかった。その一方で、発生国である中国トップ・習主席の訪日を懇請する始末。しかも、国賓として。挙句、袖にされた形だ。

こうした異例とも言える手厚い配慮に対して、中国側は、お返しとばかりに、時々刻々と変異するウイルスの様態や、それに応じた有効な治療法などの機密情報を日本政府に提供したというが、日本政府の対応を含め、これらを一手に引き受けたのが今井補佐官だ。水面下で緊密なやり取りを行っていた。なぜ、これほど中国と親密なのか。首をかしげざるを得ない対応だった」

背景には、北朝鮮の拉致問題でもロシアとの領土問題でも何ら進展が見られないなか、せめて対中外交で成果を上げたいという安倍政権の思惑があったというが、それにしても尋常ではない。

外事関係者は、こうした状況を踏まえて、繰り返す。

「中国は、長年にわたって日本の政官界に対して政治工作を行ってきており、その影響と広がり、浸透度には目を見張るものがある。今井補佐官にも、それが及んでいたとみられる」

そして、この工作プロセスについて縷々《るる》、解説したのである。

外事関係者がまず言及したのは、今井補佐官の叔父・今井敬日本製鉄（旧新日鉄）名誉会長のことであった。数十年も前の出来事から解きほぐし、こう語った。

「中国は、経済発展段階の各所で硬軟織り交ぜ、巧みに日本から技術協力を引き出してきたが、その発端は、日中共同声明が出された1972年に日中経済協会が設立されたことだった。

日本政府も後ろ押ししたこの協会を格好の工作対象とみなした中国は、ありとあらゆる手練手管を使い関係者にアプローチした。結果、初代会長となった稲山嘉寛社長（第5代経団連会長）を筆頭に、斎藤英四郎社長（第6代経団連会長）、今井敬社長（第9代経団連会長）と新日鉄が大きな役割を果たすことになった。

同社の協力で開設された宝鋼集団や上海宝山製鉄所などはその象徴事例だが、ある程度の技術移転が済んだいまも関係は続いている。とくに同協会名誉会長の今井は中国とのつながりが深い」

事実、今井は、中国への技術協力の過去を振り返って、こんな発言をしている。

「1978年には鄧小平副首相が新日鉄の君津製鉄所を見学にきて、これと同じものを中国につくってくれといわれ、上海に宝山製鉄所をつくりました」

外事関係者は、続ける。

「こうした今井名誉会長の影響を強く受けたのが、経済界をリードする経済産業省の官僚であった甥の今井補佐官だ。叔父を通じて違和感のない形で親中国へと導かれたとみられる」

1982年に東大法学部を卒業し、通商産業省（現経済産業省）に入省した今井補佐官は、産業政策やエネルギー政策の分野でキャリアを重ね、貿易経済協力局審議官や資源エネルギー庁次長などの要職を務めた。政治との距離も近く、官房長官秘書官や首相秘書官にも就いている。

外事関係者によると、政治と近くなるなか今井補佐官への工作はさらに活発化し、叔父を介したもの以外にも中国の息のかかった政治家や中国関係者らによる働きかけが行われるようになり、それらの工作が安倍政権と交わった時、大いなる成果を結び始めたのだという。

「安倍首相は、第一次政権発足直後の2006年10月に電撃訪中し、胡錦濤国家主席と会談して小泉政権時代に冷え込んだ日中関係の修復に動いた。これについては、当時の外務相・麻生太郎が提言したとか、外務次官の谷内《やち》正太郎が奔走したとか言われているが、そもそもの提案者は外務省の中国課長であった秋葉剛男だ。

ちなみに秋葉は、第一次政権でも首相秘書官に就いていた今井補佐官とは官庁入省の同期であったことなどから親しく、エネルギー政策等でも考え方が一致していることで知られている。この電撃訪中には、今井補佐官の影が見て取れる。

そして、第二次安倍政権が発足したのちの2017年5月。今井補佐官は、習主席が主導する広域経済圏構想『一帯一路』（シルクロード構想）に関する国際会議に訪中団の一員として出席したが、その際に訪中団団長の二階俊博自民党幹事長が習主席に渡すはずであった安倍晋三首相からの親書を勝手に書き換え、中国側におもねったことでのちに大問題になっている。永田町ではよく知られた話だ」

この親書書き換えをめぐっては、外務次官を経て国家安全保障局長に就任していた谷内が烈火のごとく怒り、猛烈に抗議したというが、その背景には今井補佐官との対中姿勢の違いがあった。

親中の今井、反中の谷内が対立

谷内の立場は、中国の政治・経済活動を封じ込める形でのもので、中国周辺国家と連携して包囲網を作る構想を描いていた。だが、今井補佐官は、『シルクロード構想』を支持。中国の政治・経済活動の世界的な規模での拡大を容認することこそ国益にかなうというものであった。中国の真っ向から対立していたのである。今井補佐官は、谷内の思想が反映された部分を書き換えたとみられている。

両者の対立は、このあともくすぶり続けたが、最終的には今井補佐官に軍配が上がった。2019年9月、谷内は、国家安全保障局長を退任し、今井補佐官は、さらに栄転。それまでの首相秘書官職に加え、補佐官職をも兼任することになった。また、今井補佐官は、谷内の後任人事にも介入。谷内の推す佐々江賢一郎元外務次官を退け、気脈が通じる北村滋内閣情報官の抜擢を提案し、安倍首相に呑ませたともいう。

「中国としては万々歳だ。首相補佐官と言えば、首相の公式アドバイザー。代理人とも言えるからだ」

外事関係者は、そう言って、さらに続けた。

「もちろん、それまでも実質的には代理人のようなものではあった。結果的にうまくいかなかったロシアとの交渉を見ても、プーチン大統領の補佐官であるウシャコフのカウンターパートを務めたのは今井補佐官（当時は秘書官）だった。北方領土交渉における外務省の意見を退け、四島一括返還から二島先行返還へと舵を切っている。

こうしたことを冷静にウオッチしてきた中国は、補佐官就任後はさらに権限が増すとみて、習主席の補佐官役の副主席を中心に、いままで以上の働きかけを行うようになった。

好都合だったのは、今井の推しで危機管理のトップである国家安全保障局長に北村が就いたことだ。諸外国のさまざまな工作を防止したり、対抗措置を講じたりするセクションにも今井の意向が通じやすくなったということだからだ。もっと言えば、中国の工作は黙認されるということだ」

これらを踏まえ、当時、外事関係者は、こう総括した。

「政権中枢を取り巻き、安倍首相に影響力を持つ有力政治家の複数も中国は取り込んでいる。次世代への備えを着々と進めてもいる。中国の今後のさらなる発展、勢力拡大を視野に入れると、日本への工作はいままで以上に強化されていくことだろう。

しかし、中国の工作には大物政治家が絡むだけに、残念ながら警察は、手が出しにくい。何か有効な別の手立てを真剣に考えるべき時期だ」

有力政治家や経済人、官僚には手が出せないというのだ。

果たして、それらすべてが証言どおりの深刻さを帯びているのかどうか断定はできないが、「スパイ天国」と言われて久しい日本。中国の工作員らが暗躍している事実も多々ある。にもかかわらず、いまだ有効な対策が講じられていないのを鑑みると……。

無策に近いこと自体、中国をはじめとした諸外国による政治工作の所産なのではなかろうか――そんな疑念すら生じる惨状である。

こうした工作を密かに、かつ大胆に遂行したとみられている習主席。中国国内の締め付けは、当然と言えば当然だが、同じ頃、同国では、こんなことが起こっていた。

新型コロナウイルス「消された論文」と中国の呆れた「反論」

新型コロナウイルスの起源は中国の生物兵器研究だとする説があるが、その最大の根拠とされる論文が闇に葬られてしまったのである。俗に言われる「消された論文」事件。そこには、2つの研究所が発生源として明記されていた――。

この衝撃的な論文を発表したのは、華南理工大の肖波濤（シャオ・ボタオ）教授ら医学に通じる研究者であった。2020年2月6日、新型コロナウイルスの発生源について研究者向けサイトに掲載したのである。

だが、この論文はその後、ほどなくして削除された。そして、肖教授らも行方を絶ってしまった。

こうした状況を前に、中国の情報操作や工作活動に通じる外事関係者が明かした。

「論文には、遺伝子レベルで新しいウイルスが開発されていたことを示す記述などがあったことが確認されている。中国政府にとっては、看過できないものだ。場合によっては、国内で暴動騒ぎが起こりかねないし、国際的な非難も相当なものになるとみたからだ。

研究者向けのサイトから論文を削除したのは中国政府。教授らは、削除と同時に身柄を拘束されたとみられている」

中国政府が論文の抹消ばかりか、研究者らの口をも封じる強硬策に出たというのだ。それほどまでして隠滅しようとした論文には、いったいどんなことが書かれていたのか。

取材を重ねるなか、筆者は、「消された論文」の原文を入手した。英文で記されたもので、読みにくい部分はあったものの、中身はかなり具体的であった。ウイルスの変異や研究のありようについて言及したうえ、中国が発生源とみられるとしていたのだ。中国政府が一切に蓋をしようとしたのもうなずけた。

武漢のウイルス発生を暴露した論文

以下、日本語訳したものを全文掲載しておこう。（　）内は筆者注。

《「新型コロナウイルス発生源か　ボタオ・シャオとレイ・シャオ」

新型コロナウイルスが中国で伝染病を発生させた。2020年2月6日までに564人の死

28

者を含め、2万8060人が感染したことが検査で確認されている。今週のネイチャー（科学誌）の解説によると、患者から検出されたゲノム配列の96％あるいは89％が中型コウモリ由来のZC45型コロナウイルスと一致したという。病原体はどこから来たのか、そして、それがどのようにしてヒトに伝染したのかを究明することが重要視された。

ランセット（医学誌）の記事では、武漢の41人の人々が重症急性呼吸器症候群に罹《かか》っており、そのうち27人が華南海鮮市場を訪れていたと報じられている。伝染病発生後に市場で採集された585のサンプルのうち33から新型コロナウイルスが検出され、伝染病の発生源ではないかとみられた市場は、伝染病が流行している間、発生源隔離の規則にしたがって閉鎖された。

ZC45型コロナウイルスを運ぶコウモリは雲南省または浙江省で発見されたが、どちらも海鮮市場から900キロ以上離れている。（そもそも）コウモリは通常、洞窟や森で生息しているものだ。だが、海鮮市場は人口1500万人の大都市である武漢の住宅密集地区にある。コウモリが市場まで飛んでくる可能性も非常に低い。自治体の報告と31人の住民および28人の訪問者の証言によると、コウモリが食料源だったことはなく、市場で取引されてもいなかった。コロナウイルスの遺伝子が自然に組み換えされたか、あるいは中間で介在した宿主があった可能性があるが、確たることはこれまでほとんど報告されていない。

ほかに考えられる感染経路はあるのだろうか？　わたしたちは、海鮮市場の周辺をスクリーニングした結果、コウモリコロナウイルスの研究を行っている2つの研究所を特定した。

市場から280メートル以内に、武漢疾病管理予防センター（WHCDC）があった。WHCDCは、研究の目的で所内に数々の動物を飼育していたが、そのうちのひとつは病原体の収集と識別に特化したしたものであった。ある研究では、湖北省で中型コウモリを含む155匹のコウモリが捕獲され、また、他の450匹のコウモリは浙江省で捕獲されていたこともわかった。収集の専門家が論文の貢献度表記の中でそう記している。さらに、この専門家が収集していたのがウイルスであったことが、2017年と2019年に全国的な新聞やウェブサイトで報じられている。そのなかで専門家は、かつてコウモリに襲われ、コウモリの血が皮膚につていたと述べていた。感染の危険性が著しく高いことを知っていた専門家は、自ら14日間の隔離措置を取った。コウモリの尿を被った別の事故の際にも同じように隔離したという。生きたダニを運ぶコウモリの捕獲で脅威にさらされたことがかつてあった、とも述べていた。

（こうして）捕獲された動物には手術が施され、組織サンプルがDNAおよびRNAの抽出とシーケンシング（構成要素の配列分析）のために採取されたという。組織サンプルとそれにまつわる汚染された、ゴミは病原体の供給源だった。これらは、海鮮市場からわずか280メートルほどのところに存在したのである。

また、WHCDCは、今回の伝染病流行の期間中、最初に感染した医者グループが勤務するユニオン病院に隣接してもいた。確かなことは今後の研究を待つ必要があるが、ウイルスが研究所の周辺に漏れ、初期の患者を汚染した可能性が高いとみられる。

もうひとつの研究所は、海鮮市場から約12キロメートル離れたところにある中国科学院武漢ウイルス研究所だ。この研究所は、中国の馬蹄型コウモリが2002年から2003年にかけて流行した重症急性呼吸器症候群（SARSコロナウイルス）の発生源であるとの報告を行っている。

SARSコロナウイルスの逆遺伝学システムを用いてキメラウイルス（異なる遺伝子情報を同一個体内に混在させたウイルス）を発生させるプロジェクトに参加した主任研究者は、ヒトに伝染する可能性について報告している。ズバリ言えば、SARSコロナウイルスまたはその派生物が研究所から漏れたかもしれないということだ。

要するに、誰かが新型コロナウイルスの変異と関係していたのである。

武漢にある研究所は、自然発生的な遺伝子組み換えや中間宿主の発生源であっただけでなく、おそらく驚異的な猛威を振るうコロナウイルスの発生源でもあったのだ。

バイオハザードの危険性の高い研究所においては、安全レベルを強化する必要があるだろう。これらの研究所を市内中心部やそのほかの住宅密集地域から遠く離れた場所に移転するような規制が必要ではなかろうか》

（原文）
The possible origins of 2019-nCoV coronavirus

Botao Xiao and Lei Xiao

The 2019-nCoV coronavirus has caused an epidemic of 28,060 laboratory-confirmed infections in human including 564 deaths in China by February 6, 2020. Two descriptions of the virus published on Nature this week indicated that the genome sequences from patients were 96% or 89% identical to the Bat CoV ZC45 coronavirus originally found in Rhinolophus affinis. It was critical to study where the pathogen came from and how it passed onto human.

An article published on The Lancet reported that 41 people in Wuhan were found to have the acute respiratory syndrome and 27 of them had contact with Huanan Seafood Market. The 2019-nCoV was found in 33 out of 585 samples collected in the market after the outbreak. The market was suspicious to be the origin of the epidemic, and was shut down according to the rule of quarantine the source during an epidemic.

The bats carrying CoV ZC45 were originally found in Yunnan or Zhejiang province, both of which were more than 900 kilometers away from the seafood market. Bats were normally found to live in caves and trees. But the seafood market is in a densely-populated district of Wuhan, a metropolitan of ~15 million people. The probability was very low for the bats to fly to the market. According to municipal reports and the testimonies of 31 residents and 28 visitors, the bat was never a food source in the city, and no bat was traded in the market. There was possible natural recombination or intermediate host of the coronavirus, yet little proof has been reported.

Was there any other possible pathway? We screened the area around the seafood market and identified two laboratories conducting research on bat coronavirus. Within ~280 meters from the market, there was the Wuhan Center for Disease Control & Prevention (WHCDC). WHCDC hosted animals in laboratories for research purpose, one of which was specialized in pathogens collection andidentification. In one of their studies, 155 bats including Rhinolophus affinis were captured in Hubei province, and other 450 bats were captured in Zhejiang province. The expert in collection was noted in the Author Contributions. Moreover, he was broadcasted for collecting viruses on nation-wide newspapers and websites in 2017 and 2019. He described that he was once by attacked by bats and the blood of a bat shot on his skin. He knew the extreme danger of the infection so he quarantined himself for 14 days 7. In another accident, he quarantined himself again because bats peed on him. He was once thrilled for capturing a bat carrying a live tick.

Surgery was performed on the caged animals and the tissue samples were collected for DNA and RNA extraction and sequencing. The tissue samples and contaminated trashes were source of pathogens. They were only ~280 meters from the seafood market. The WHCDC was also adjacent to the Union Hospital where the first group of doctors were infected during this epidemic. It is plausible that the virus leaked around and and some of them contaminated the initial patients in this epidemic, though solid proofs are needed in future study.

The second laboratory was ~12 kilometers from the seafood market and belonged to Wuhan Institute of Virology, Chinese Academy of Sciences. This laboratory reported that the Chinese horseshoe bats were natural reservoirs for the severe acute respiratory syndrome coronavirus (SARS-CoV) which caused the 2002-3 pandemic. The principle investigator participated in a project which generated a chimeric virus using the SARS-CoV reverse genetics system, and reported the potential for human emergence. A direct speculation was that SARS-CoV or its derivative might leak from the laboratory.

In summary, somebody was entangled with the evolution of 2019-nCoV coronavirus. In addition to origins of natural recombination and intermediate host, the killer coronavirus probably originated from a laboratory in Wuhan. Safety level may need to be reinforced in high risk biohazardous laboratories. Regulations may be taken to relocate these laboratories far away from city center and other densely populated places.

＊図表や参考文献等を示す数字表記などは削除。また、日本語訳の改行などは、適宜行った。

米軍がウイルスを持ち込んだと主張した中国

　2020年2月20日、中国外務省の耿爽報道官は、この論文が示唆した内容――すなわち「実験室から流出した」「生物兵器として開発された」といった説について「世界の著名な専門家たちは、まったく科学的根拠がない、と認識している」と明確に否定するコメントを出した。

　そして、3月に入ると、米国の「持ち込み」説を大々的に公表したのである。中国外務省の趙立堅副報道局長が同月12日、「米軍が武漢にウイルスを持ち込んだ可能性がある」と英語と中国語でツイッター（インターネット上の投稿ページ。現X）に掲載。その後、新型コロナウイルスの発生源が米軍の研究施設だと推測する記事をツイッターで紹介するなどもしている。

　さらに、これを後ろ押しするかのような論文を習主席が、中国共産党が発行する理論誌に発表。3月16日に発行された同誌上で、「（新型コロナウイルスの）病原がどこから来て、どこに向かったのか明らかにしなければいけない」と訴えたのである。

　しかし、まさにそのことについて記した論文には一切、触れなかった。完全に黙殺である。

　もちろん論文は消されたままで再掲載されることはなかった。肖教授らも依然、行方不明のまであった。

なんとも都合のいい話の運びようだが、嘘も重ねれば……ということなのか。呆れた情報操作というほかない。


そして、日本国内に話を戻せば、こんなあからさまな工作も――。

新型コロナウイルスをめぐる日中美談の陰に……中国政府中枢と二階幹事長の蜜月

2020年4月。公安関係者が、こんなことを明かした。

「本来は美談として語られるべき、新型コロナウイルスをめぐる日中の支援のやり取りに便乗したおかしな動きがある。関係者を含めて、動向を探っている」

いったい何のことか。新型コロナウイルス発生後の日中間の支援のありようについて調べてみた。すると、次のようなやり取りがあったことがわかった。

まずは、日本から中国への支援。

東京都が1月末、新型コロナウイルスの感染拡大に手を焼く中国に対し、都が保有する防護服約2万着を送ったが、その後、自民党の二階俊博幹事長が小池百合子知事に追加支援を要請。新たに10万着が送られることになった。東京都の備蓄には余裕があったようで、2月末にも追加支援をしていた。

これを「美談1」とするならば、「美談2」もあった。中国から日本への支援だ。

3月に入ると、今度は新型コロナウイルスに翻弄され始めた日本に対し、欠品騒動に見舞われた感染予防用のマスクを中国が提供したのである。

3月2日、中国ネット通販最大手であるアリババグループ創業者・馬雲が日本に100万枚のマスクを寄贈すると発表。そして、一般社団法人「日本医療国際化機構」、同じく一般社団法人「医療国際化推進機構」の二階俊博名誉理事長を介して、日本に送られた。

公安関係者が言うように、確かに美談ではある。だが、これらが公安当局の関心を引いたのは、なぜか。

「ポイントは、支援にかかわった人物たちにある。第一には、二階。それと、二階が名誉理事長である団体と名称すら混同しそうなほど似た団体――その理事長を務めている蔣暁松のことだ」

公安関係者は、そう指摘し、それぞれについて詳しく話し始めた。

「そもそも二階と中国の関係は、つとに有名だ。まるで中国のエージェントのような動きさえしていることも判明している」

同関係者は、資料を手繰って生々しいエピソードのひとつを例示した。

新潟の中国総領事館の移転をめぐるものだった。10年近く前のことだ。中国は、2011年をめどに面積が約1万5000㎡にもおよぶ土地を新たに購入し、そこに総領事館を建設しようとしていたが、これに地元住民が猛反発。市議会や県、政府を巻き込んでの騒動となった。

その最中、中国は、事態の打開を図るべく、本国からベテランの工作員複数名を新潟に派遣し、政治工作をはじめ住民対策も含めた工作の現地での指揮、指導を行わせた。これに対し、工作員らの入国を確認した外事捜査官が動いた。

24時間体制で工作員らの行動監視に入ったのである。すると、工作員らが現地の温泉旅館で頻繁に地元政治家を接待していることが判明した。また、東京に出向くこともあった。

尾行を続ける外事捜査官が確認したのは、目を疑わせるような光景だった。

「永田町界隈を転々とした工作員らが最終的に落ち着いた東京・市谷のステーキハウスに自民党の大物議員たる二階が現れたのである。その前には、財務省をはじめ霞が関の役人たちが、その店に入っていたこともわかった。まさか、たまたまとは……」

公安関係者は、そう語るのだった。

ちなみに、総領事館の移転計画は最終的に頓挫するが、その前には、二階派（2024年1月に解散）の国会議員による国会質問がなされたことにも言及した。

2012年3月の参議院国土交通委員会で、新潟県選出の中原八一参議議員が質問の形を借りて、こんな発言をしていたというのだ。

〈中国側からしっかりその領事館建設の中身を聞いて、妥当であるというのであれば、地元の市や県にただ任せるだけではなくて、外務省がしっかりと仲介に立ってぜひ進めていただきたい。新潟県としては、中国領事館の建設に反対するものではない〉

これも二階の働きかけがあってのこととみられているという。

公安関係者が続ける。

「一方、蔣は、中国の国政助言機関との表看板のもと、海外の中国人ビジネスマンや企業を統括・指揮し、数々の工作を展開している政治協商会議の委員を長年、務めたほど政府中枢と近い人物だ」

美談でウイルス発生源の中国の責任をうやむやに

その蔣と二階がべったりだ、と同関係者は言うのである。両者の蜜月を赤裸々に語るエピソードをも披露した。

ひとつは、年金福祉事業団（年金資金運用基金を経て年金積立金管理運用独立行政法人）が保有していた保養施設「グリーンピア」をめぐる問題だった。同施設は日本全国に13か所あったが、2005年に、すべて地方自治体等に譲渡された。

このうちのひとつ「グリーンピア南紀」の再生事業を自治体から引き受けたのが、二階を介して自治体に働きかけをした蔣のリゾート開発会社だった。この事業は結果的にうまくいかず、2007年に蔣は、撤退するものの、自治体から事業を請け負う際には積極的であったという。

二階の友人として自治体関係者らに接触し、事業を引き受けたのである。この手の事業発注は公募を経て行われるのが通常だ。にもかかわらず、そうではなかった。

「発注の前後に、二階が関係各者に蒋を紹介し、契約の席にも同席するなどしていた点でも、異例中の異例だ。この件は大いに注目された。再生事業の撤退で、その後、混乱が起きたことで注目は、さらに高まった」

公安関係者は、そう語るのだった。

もうひとつは、「グリーンピア南紀」の再生事業から蒋が撤退し、それが物議を醸してから間もない頃に開催された国際的なイベントだ。

2007年9月、世界各地で活躍する中国系の企業経営者が一堂に会する「世界華商大会」が初めて日本で開催された。大会には3000人を超す有力経済人が集ったが、この会を取り仕切ったのが蒋だった。二階は、自民党総務会長の立場で出席している。

公安関係者は、こう付言した。

「グリーンピアの件がいまだ冷めやらぬなか、こうした席に顔を出すのは、よほどのことだ。ふたりの関係は、それほど深いという証左だ」

こうしたことを踏まえて、公安当局は、日中間の支援合戦が中国主導で行われた、と分析したと言うのだ。

「日本からの支援は、新型コロナウイルスに翻弄され続けた当時の中国にメリットがあり、その後、ウイルスの感染具合が落ち着いた頃の日本への支援は、中国の紳士ぶりをアピールするのに役立った。ウイルス発生源とされる中国に対して国際的に厳しい目が向けられ、なかにはウイルスが中国の生物兵器だ、とする批判もあったため、紳士ぶりのＰＲも救援物資に劣らず、中国には重要なことだった」

公安関係者は、そんな解説をした。こうした国を挙げての中国の工作に、蔣、二階の大物コンビが投入された、と言うのである。

では、この支援合戦に登場する、ほかの人物たちの立ち位置はどんなものであったというのだろうか。単に利用されただけなのか、それとももっと深い意味があったのか……。

「小池（百合子）は、政治的に動いただけだろう。都知事選での二階への借りを果たす形で、今後も支援をと目論んだためだとみられる。問題は馬雲だ。なぜ今回のことに、彼を絡めたのか。おそらく中国は、次世代を見据え、日本とのパイプ役を蔣から馬へとバトンタッチさせようとしたのだろう。馬は手垢がついていないニューフェイス。ソフトバンクの孫らともつながりのあるビジネスマンとしての表看板も、もってこいだ。中国は、こうして新陳代謝を図りつつ、さらなる工作を仕掛けようとしているわけだ」

公安関係者は、そう語った。

一石二鳥。いや三鳥の工作と言うべきか。公安関係者の証言から浮かび上がったのは、国難さえもあざとく利用する中国の遠謀ぶりだった。

結果的に馬が蔣に取って代わることはなかったようだが、習主席の辣腕と厚顔には舌を巻く。しかしながら、その厚顔ぶりは、この程度ではなかった。世界中が新型コロナウイルスに翻弄される隙を突いて、日本領土の侵奪を画策したのである。

コロナの隙に乗じて尖閣諸島に進出する中国

ユーラシア大陸に続く東シナ海の大陸棚のうえにある尖閣諸島。

2020年7月、この周辺海域では、中国の船団が2か月以上にわたって一日も欠かさずに現れるという異常事態が起こっていた。

かねて中国の動向を注視してきた防衛関係者が語る。

「中国は、自国のコロナ被害がピークを越えるや、世界中が、その被害に右往左往しているのを好機とみて、海洋進出を加速させることにしたとみられる。とくに日米がコロナの対応に追われているのをいいことに、尖閣への攻勢を強めた」

それにしても、よその国の領土を奪おうとは、いったいどんな了見なのか。

そもそも沖縄本島から遠く離れた尖閣諸島は、東シナ海に浮かぶ面積数平方キロメートルからわずか数十平方メートルの5島――魚釣島、北小島、南小島、久場島、大正島と岩礁などからなるが、はるか昔には日本人が居住していたこともある日本の領土であり、その周辺は日本の領海だ。

尖閣諸島問題の対応に当たる内閣官房の領土・主権対策企画室は、こう述べている。

〈尖閣諸島が日本固有の領土であることは歴史的にも国際法上も明らかであり、現に我が国はこれを有効に支配しています。したがって、尖閣諸島をめぐって解決しなければならない領有権の問題はそもそも存在しません〉

日本が正式に尖閣諸島を沖縄県に編入し、固有の領土としたのは、1895年。同諸島が、その時点で無人島であったこと、また、ほかの国の支配が及んでいないことを確認したうえでのことだった。

その後、同諸島は民間に払い下げられ、魚釣島を中心に羽毛採取やかつお節製造などの事業が一時期、活発に営まれた。第二次世界大戦後には米国の施政下に置かれたものの、1972年に沖縄（琉球諸島及び大東諸島。琉球諸島には沖縄本島をはじめ、尖閣諸島も含まれているとされる）の返還に伴って日本領土に復帰した。

資源と防衛ラインのため尖閣奪取に乗り出した中国

ところが、中国政府は、1992年に「中華人民共和国領海および接続水域法」を制定・公布し、尖閣諸島をそのなかに含めた。2008年以降は、尖閣諸島から12海里（1海里は18

52メートル）の日本の領海と、そこに接する幅12海里の接続水域に中国の艦船を派遣するなど、日本への挑発行動を繰り返した。

また、2012年に日本が尖閣諸島を国有化すると、それと同時に魚釣島などに領海基線（領海、接続水域、排他的経済水域などの範囲を定めるための起点となる線）を設定。さらに2013年には、尖閣諸島空域を含む東シナ海上空に防空識別区（防空識別圏）を設けた。

あくまでも中国の領土だとしているのである。

こうした動きをする中国の狙いは、いったい何か。

先の防衛関係者は、こう分析する。

「ひとつには資源だ。中国は、1968年に行われた国連の資源調査により尖閣諸島周辺の大陸棚に石油資源が埋蔵されている可能性のあることがわかって以降、自国領だと主張し始めた。中国の古文書や地図に尖閣諸島の記述があることなどを持ち出し、島々を発見したのは歴史的には中国が先で、領有していたのは明らかだ、というのだ。今日に至るも、その主張は変えていない」

資源獲得以外にも、別の目的があるようだ。

防衛関係者が続けた。

「もうひとつが、軍事。尖閣諸島は、中国軍が太平洋へ出ようとする道筋にある戦略的な要衝と言える。また、防衛の観点からも重要視されている。中国が自国の防衛ラインとして想定している『第一列島線』のなかにあるからだ」

「第一列島線」とは、日本列島を経て台湾、フィリピン、ボルネオに至る島々の連なりを指す軍事用語だ。もともとは中国共産党中央軍事委員会主席などを務めた最高指導者・鄧小平の腹心で、同委員会副主席に抜擢された海軍司令官・劉華清が、1982年に打ち出した中国軍の戦力展開のための地理的概念だという。中国海軍の対米国防ラインとされる。現在、習主席が率いる中央軍事委員会は、台湾や尖閣諸島、南シナ海の島々を断固譲れない「核心的利益」と位置づけている。

ちなみに、「第二列島線」という用語も、この時以降、用いられるようになるが、こちらは日本列島から伊豆諸島、小笠原諸島を経てグアム、サイパン、パプアニューギニアに至るラインを指している。この列島線は、台湾有事に備え、中国海軍が米海軍の介入を阻止するための防衛線とみられている。

今日につながる中国海軍の戦略を提唱した劉華清は、「中国近代海軍の父」「中国航空母艦の父」などと呼ばれているというが、この戦略に基づいて行われている中国の動きは、著しい国際的緊張と摩擦を生じさせている。

中国は、同年4月、ベトナム、フィリピン、マレーシアなど各国が領有権を主張する南シナ海に新たな行政区を設置すると発表し、物議を醸した。と同時に、尖閣諸島周辺海域に対する挑発行為をエスカレートさせたのだった。

コロナ禍で尖閣諸島への策動を強めた中国

4月11日、中国海軍初の航空母艦「遼寧」など6隻の艦隊が初めて沖縄本島と宮古島の間の海域（宮古海峡）を通過したのである。2019年6月以来のことであった。

「遼寧」は、全長305メートル、最大幅78メートルで30ノット（時速約56㎞）の速力を持つ艦船だ。兵員はおよそ2000名。また、戦闘機24機を搭載でき、対空ミサイルや対潜ロケットを装備している。その艦船が補給艦などをしたがえて6隻で航行し、その後、南シナ海で演習を断行。防衛省は、警戒を強めた。海上自衛隊の護衛艦と哨戒機が対応に当たったのである。

なお、同船団は、4月28日にも宮古海峡を通過し、今度は東シナ海に向けて航行している。防衛省によると、「遼寧」が宮古海峡を往復したのは初めてだという。

また、演習の狙いについて同省は、乗組員に新型コロナウイルス感染が広がった米海軍の航空母艦などの対応力を試そうとしたことに加え、宮古島に配置された陸上自衛隊のミサイル部隊を牽制する狙いがあったとみられる、との見解を示した。

事実、米海軍は、4月23日、横須賀基地を母港とする原子力空母「ロナルド・レーガン」で新型コロナウイルスの感染者が少なくとも16人に達したことを明らかにした。同艦は、定期整備のため横須賀に停泊中であったものの、その影響もあって出港のめどが立たない状況だとした。

また、これに先立ち米海軍は、4月18日、同じく太平洋艦隊に所属する原子力空母「セオドア・ルーズベルト」の乗組員655人が新型コロナウイルスに感染したことを発表。グアム島の基地に停泊したことを明らかにした。

この措置をめぐっては、ブレット・クロージャー艦長が解任されるなどの混乱もあった。同艦長が国防総省宛に3月30日付で書簡を送付し、米兵が戦争以外で死亡するのを防ぐよう対応を強く求めたところ、米海軍は、4月2日に艦長を解任。トーマス・モドリー長官代行は、クロージャー艦長について「極めて不適切な判断を示した」と述べていた。

そうした混乱のなか、「セオドア・ルーズベルト」は、停泊を続け、活動を再開したのは5月後半になってからのことであったが、相次ぐ活移動停止という事態を前に、中国軍は、その動向を探っていたとみられている。

この間、中国海警局（中国人民武装警察部隊のひとつで、領海の警備、監視、犯罪取り締まりなどに当たっている）も積極的な行動に出ている。4月14日に日本の領海のすぐ外側にあたる接続水域に3隻の船を出したのを皮切りに、一日も欠かさず、尖閣諸島周辺海域に現れるようになったのである。

5月には、3日間にわたって日本漁船を追尾するという挑発行為も確認された。同月8日、中国海警局は、4隻の船を尖閣諸島周辺の接続海域に出し、うち2隻が領海を侵犯。魚釣島の西南西約12キロの海上で操業していた漁船に接近し、追尾を開始したのである。

警備に当たっていた海上保安庁の巡視船が間に入り、漁船の安全を確保したものの諦めず、中国船は、漁船が接続海域に出ると接続海域に、漁船が領海に入ると領海にといった行為を3日間にわたって続けたのだ。

日本政府は、ただちに中国政府に抗議したが、中国政府は、あっさりとはねつけた。中国外務省の趙立堅副報道局長は、5月11日の記者会見で「日本漁船が中国の領海内で違法な操業をしたため、海域から出るよう求めた」と述べて海警局の行動を正当化したうえ、海上保安庁の対応を妨害行為と断じ、再発防止を求めたのだった。

6月に入ると、今度は潜水艦が投入された。防衛省によると、6月18日から20日にかけて中国海軍所属の潜水艦が鹿児島県奄美大島周辺の接続水域を潜水航行したという。その翌日の21日には、尖閣諸島周辺海域で漁船が中国船4隻に追尾される事件がまた発生した。

尖閣諸島の地名変更にも、中国は敏感に反応した。6月22日、沖縄県石垣市議会が尖閣諸島の名称を「登野城」から「登野城尖閣」に変更する議案を賛成多数で可決すると、中国は、即反発したのである。

中国外務省の趙副局長は、「断固反対する」と表明。さらに23日、中国自然資源省は、東シナ海の海底地形の名称一覧表を発表したが、そこには尖閣諸島周辺も含まれており、尖閣諸島の中国名である「釣魚島」の名前を冠した「釣魚窪地」「釣魚海底峡谷群」などといった名称も入っていた。

自然資源省は、ホームページ上で「地名に関する使用をさらに規範化するため、東シナ海の一部の海底地形に実体的で標準的な名称を与えた」と説明しているものの、自国領と主張している尖閣諸島の名称を日本が変更したことに対抗する措置であるのは明らかだった。

こうしたなか、海警局の船団派遣は継続され、7月2日には連続80日という異例の事態に至った。これまでの最長記録であった65日を優に超えるものだ。

しかも、またもや領海侵犯と漁船追跡を行ったばかりか、今回は領海内にとどまり続けた。第11管区海上保安本部によると、7月2日、尖閣諸島の沖合に海警局の船4隻が現れ、そのうち2隻が日本の領海に侵入したという。その後、2隻は魚釣島の西およそ7キロの海上で日本の漁船に接近した。海上保安本部は、巡視船を海警局の船との間に入れるなどして漁船の安全を確保すると同時に領海から出るよう警告も発したが、2隻は黙殺。5日になっても領海内にとどまったままであった。

一触即発の事態だ。

中国の策動に鈍い対応の日本政府

ところが、これに対し、日本の対応は鈍い。

菅義偉官房長官は、7月2日の記者会見で「尖閣諸島は歴史的にも国際法上も疑いのないわが国固有の領土であり、現に有効に支配している。中国側の活動は深刻に考えており、巡視船による警告や外交ルートを通じた厳重な抗議を繰り返し実施している」と述べ、また6日には

「わが国の領土、領海、領空は断固として守るとの方針のもとに緊張感を持って関係省庁間で連携し、尖閣周辺の警戒監視に万全を期していく」と語ったものの、習主席の国賓来日をめぐって自民党の外交部会が中止を求める決議案を政府に提出する動きがあることについて問われると、「政府としてコメントすることは差し控えたい」という案配だった。

しかるに中国はというと――。

外務省の趙副局長は、3日、日本側の厳重抗議に対し、「絶対に受け入れない」と主張。さらに、6日の記者会見では、こう言い放った。

「このほど中国海警局は、釣魚島海域で通常の巡航時、日本漁船1隻が釣魚島領海に不法侵入したのを発見した。中国海警局の船は、法に基づいてこの漁船に対して追跡と監視を実施し、中国側海域から即時に立ち退くよう要求した。中国側は、すでに外交ルートを通じて日本側に厳正な申し入れを行い、中国の主権への侵害を直ちに止めるよう促している。釣魚島及びその附属島嶼《とうしょ》は中国固有の領土であり、釣魚島海域での巡航と法執行は中国固有の権利だ」

日本政府は、習主席への対応を見てもわかるとおりに、なんとかなると思っているかのようだが、それに対する中国の反応を見ると、もはやそんな段階ではない。

米国が作成した驚きの中国の尖閣諸島奪取のシナリオ

「中国は本気でやる気だ。尖閣を分捕るつもりで仕掛けている」

防衛関係者もそう語る。そして、興味深いレポートがある、と言って続けた。

「ワシントンにあるシンクタンクで米国の防衛戦略に大きな影響力を持つ『戦略予算評価センター（CSBA）』が5月19日、『Dragon Against the Sun：Chinese Views of Japanese Seapower』（龍対日：日本のシーパワーに対する中国の見方）と題する論文を発表した。

同センターの上席研究員で、海軍大学（U.S. Naval War College）で戦略担当教授を務めるなどした軍事専門家であるトシ・ヨシハラが執筆したものだが、太平洋戦争について書かれた歴史書『Eagle Against the Sun: The American War with Japan（鷲対日：日米戦争）』にちなんでタイトルを付けたようだ。

このなかでヨシハラは、過去10年間で中国海軍が艦隊の規模、総トン数、火力等の重要な戦力において海上自衛隊を追い越したと指摘し、中国の指導者は、中国海軍の方が優位であるという見通しによって、日本との局地的な海洋紛争において攻撃的な戦略を採用するだろう、と警告を発している」

論文には、中国が数日のうちに尖閣諸島を奪取する具体的なシナリオも記されているという。以下のようなものだ。

1．海上保安庁の船が尖閣諸島海域に侵入する中国海警局の船を銃撃し、その後、中国海軍が日本側を攻撃

2. 尖閣諸島海域は戦争状態に。中国空母などが宮古海峡を通過し、日本側が追跡
3. 日本の警戒機と戦闘機が東シナ海の上空をパトロールするが、中国軍がそれらを撃墜
4. 自衛隊が併用する那覇空港を中国が巡航ミサイルで攻撃
5. 米国が日米安保条約に基づく協力要請を拒否。米大統領は、中国への経済制裁に留まる
6. 宮古海峡の西側で短期的かつ致命的な軍事衝突が勃発
7. 米軍は、依然として介入せず、米軍の偵察機が嘉手納基地に戻る。中国軍は、米軍が介入しないことを確認
8. 中国が4日以内に尖閣諸島に上陸

実際に中国がこうした作戦計画を立てているか否かは定かではないものの、尖閣諸島侵攻のための準備は着々と進めている、と防衛関係者は指摘する。

「第一に先兵役を務める海警局の船を大型化し、増強を図っている。海上保安庁の巡視船の多くは1000トン級だが、中国はこれをはるかに上回る3000トンから5000トン級の船を次々と投入している。なかには1万トン級のものもあり、大型の機関砲まで装備している。

機構改編や法改正を行い、海警局を準軍事組織に格上げもした。そもそも海警局は、国務院傘下の国家海洋局に所属していたが、2018年に中央軍事委員会が指揮する人民武装警察の傘下に配置換えになった。そして、今年6月、人民武装警察法が改正され、戦時には軍と一体

で動き、軍事作戦にも参加することになった。また、平時においても軍との共同訓練や演習などを実施するよう取り決められた」

まさに尖閣諸島奪取のシナリオに描かれた事態を想定しているかのような動きだ。中国は実際にやりかねないということである。

歴史を見ても、それはうなずける。

1974年、中国は、南シナ海の西沙諸島をめぐってベトナムと交戦し、同諸島を奪取した。ベトナム戦争が終結し、米国が撤退した隙を突いてのことだった。

また、1988年には、ソ連が衛星国への不干渉を表明して、それらの国々が相次いで民主化し、東西冷戦が終結へと向かうなか、ソ連の庇護を失ったベトナムに対し、やはり南シナ海にある南沙諸島の領有をめぐって海戦を仕掛け、ファイアリー・クロス礁、ジョンソン南礁、クアテロン礁、ガベン礁、ヒューズ礁、スービ礁を奪った。

さらに、1989年に東西冷戦が終結し、それを受けて1991年末、米国がクラーク空軍基地、スービック海軍基地をフィリピン政府に返還して同国から撤退すると、この直後から南沙諸島において中国軍が活動を活発化。1995年、フィリピンが実効支配していたミスチーフ礁を占拠し、建造物を構築したのだ。

いずれも、戦力に勝る大国の不在を突いたものであった。

尖閣諸島が竹島とダブると嘆いた防衛関係者

防衛関係者は、こうしたことを踏まえ、さらなる警句を発した。

「尖閣諸島が竹島にダブってしまう。同じようなことが起こらなければいいが……」

島根県沖の日本海に浮かぶ竹島については、苦い歴史がある。

領土・主権対策企画室は、尖閣諸島に対するのと同じく、こう述べている。

〈竹島は、歴史的事実に照らしても、かつ国際法上も明らかに日本固有の領土です。韓国による竹島の占拠は、国際法上何ら根拠がないまま行われている不法占拠であり、韓国がこのような不法占拠に基づいて竹島に対して行ういかなる措置も法的な正当性を有するものではありません〉

韓国が不法占拠を行ったのは、1952年1月。韓国初代大統領であった李承晩が「隣接海洋に対する主権宣言」を発し、日本海の公海上に韓国の主権が及ぶとする境界線（「李承晩ライン」と呼ばれている）を一方的に設定した。竹島はそのなかに含まれていたのである。

この宣言に対しては、日本ばかりか米国も「国際法に反する」と強く抗議したが、韓国は、聞き入れようとはしなかった。それどころか1953年1月には、「李承晩ライン」内の日本漁船の拿捕《だほ》を指示。翌2月には、拿捕に伴う銃撃によって日本人の死亡者も出た。

そして、4月に入ると、「独島（竹島の韓国名）義勇守備隊」なる組織を竹島に送り込んで駐屯させ、1954年6月には韓国沿岸警備隊の駐留部隊を竹島に派遣した。そうしたなか、竹島周辺を航行中の海上保安庁巡視船が銃撃される事件も発生した。

その後も韓国は、不法占拠を続けた。警備隊員を常駐させたばかりか、宿舎や監視所、ヘリポートなどを構築したのである。現在に至るもその状況は変わっていない。

「一度、取られてしまったら、容易に取り返せないのが領土というものだ。北方領土と同じだ。尖閣諸島が3番目になるようなことは断じて容認できない。仮に米国が頼りにならないならば、独自で防衛できる装備や体制を構築しなければならない。中国は、力をもって日本を取りに来ているのだ」

防衛関係者は、そう総括した。

北海道根室半島沖にある北方領土は、第二次世界大戦での日本の敗戦が色濃くなり、軍が壊滅状態にある最中、だまし討ちのようにしてソ連（現ロシア）に奪われ、いまだ返還されていない。

領土問題に取り組む政治家のひとりは、こんな考え方を示した。

「米国が当てにならないなら、核武装という禁じ手がある。戦艦や空母、戦闘機やミサイルに莫大なカネをかけ、また、自衛隊員の生命を危険にさらすことを考えれば、核兵器を持つ方が合理的だ。日本の技術からすれば難しいことでもない。兵器や装備のレベルで日本よりもはるかに貧弱な北朝鮮に世界各国が配慮するのをみればわかるとおりで、一考の価値はある」

核武装はもちろんのこと、通常の兵器や装備の増強にも大いに躊躇はあろう。だが、領土保全のためには、何らかの対抗手段を講じざるを得ない。そんなことを迫られるほどに、中国は、暴走しつつある――。

この直後、それを裏付けるような出来事が密かに進行していたことが明らかになった。

習独裁政権が極秘部隊を編成
尖閣、台湾を狙う

2020年11月、防衛関係者が明かした。

「習主席直属の部隊として10万人規模の極秘部隊が編成されていたことが最近、わかった」

秘された部隊の名称は、「marines of the Chinese Red Army（中国紅軍海兵隊）」。紅軍とは、1927年に中国共産党が組織した「中国工農紅軍」の通称であるが、第二次大戦後の1947年に中国人民解放軍と改称し、抗日戦線でともに戦った中華民国国軍と交戦。中華民国が中国本土を追われ、台湾に逃れたことで休戦した。以降、同国は、一般に台湾と呼ばれるようになった。

「こうした歴史を踏まえて今回の命名の意味を探れば、休戦を終戦へと変える、すなわち台湾併合のための部隊創設ということになる。『一つの中国』というのが国是であり、2005年には台湾の動向を念頭に反分裂国家法を制定してもいる。終身体制を確立した習主席は、台湾奪取へと動き始めたとみられる」

防衛関係者は、そう分析のうえ、さらにこう続けた。

「特殊訓練を積んだ急襲部隊たる紅軍海兵隊のコマンドが空から降下して、台湾総統府を数時間のうちに占拠する作戦計画がすでに出来上がっているともいう。米国が救援に駆けつける前に実効支配してしまおうというもので、これをやられると、もうどうにもならないのではないか」

台湾併合となれば、世界地図が書き換えられ、中国は、いよいよ太平洋覇権へと向かう。日本にも多大なる影響が生じるとみられるが、それ以前に喫緊の問題があるようだ。

防衛関係者が語る。

「この作戦には、在沖米軍への牽制の目的で、尖閣諸島奪取の付属計画も設けられている。台湾急襲と同時に尖閣にも海兵隊を降下させ、一気に占拠してしまうというものだ」

同関係者によれば、以上のような極秘の目的のために紅軍海兵隊は創設されたのだという。

だが、さらなる目的もある、と政府関係者が明かした。

「独裁体制に向かう習体制に反発し、人民解放軍が割れそうな気配がある。暗殺やクーデターのような事態も密かにささやかれている。そこで、身辺の警護も兼ねて紅軍海兵隊を作ったという話が漏れ聞こえてきている」

事実とすれば、独裁体制を担保する特殊部隊が新設されたことになるが、いずれにせよ独裁化に資する目的で編成されたのは間違いないようだ。

それにしても、不穏極まりない。連日のように尖閣諸島周辺海域に中国の艦船が出没している最中、ましてのことだ。

習直属の「中国紅軍海兵隊」vs自衛隊のシナリオ

もっとも、日本側も無策というわけではない。「尖閣有事」に対するシナリオも作成されている、と先の防衛関係者は語る。まずは中国側の動きだが、以下のようなものである。

1. 中国の漁船と海上保安庁の巡視船が偶発的に衝突。中国が監視船（海警局の艦船）を一斉に送り込む
2. 中国海軍の艦艇が展開
3. 中国空挺（特殊）部隊が尖閣上陸

中国は、作戦を仕掛けるに当たって漁船を誘導。それを保護する名目で海警局の艦船を派遣する、と想定。その後、中国側が軍を投入し、実力行使に出るとしている。

これに対し、日本側は、海警局の艦船は海上保安庁に対応をゆだねたうえで、自衛隊が中国軍への対処に特化。次のような動きに出るとしている。

1．陸上自衛隊の地対艦ミサイルが尖閣に近づく軍艦を牽制
2．航空自衛隊の戦闘機や海上自衛隊の護衛艦による対地射撃で特殊部隊を制圧
3．陸自部隊を上陸させる

自衛隊が対峙するのは、あくまでも中国軍というのが原則だ。先に自衛隊を出すと国際世論の観点から不利になる、との判断に基づいてのものだという。

「そのためには、海上保安庁とのスムーズな連携が必須となるが、防衛省もその点は承知のうえ、着々と準備を進めている」

防衛関係者は、そう続け、防衛白書の当該部分を示した。

〈島嶼部を含むわが国への攻撃に対しては、必要な部隊を迅速に機動・展開させ、海上優勢、航空優勢を確保しつつ、侵攻部隊の接近・上陸を阻止する。海上優勢、航空優勢の確保が困難な状況になった場合でも、侵攻部隊の脅威圏の外から、その接近・上陸を阻止する。万が一占拠された場合には、あらゆる措置を講じて奪回する。

また、ミサイル、航空機などの経空攻撃に対しては、最適の手段により機動的かつ持続的に対応するとともに、被害を局限し、自衛隊の各種能力及び能力発揮の基盤を維持する〉（2020年版の防衛白書。以下同）

こうした自衛隊出動を可能にするための体制整備も年々、充実されてきているとも言う。

〈（尖閣諸島を含む日本列島の）南西地域の防衛体制強化のため、空自は、16（平成28）年1月の第9航空団の新編に加え、17（平成29）年7月、南西航空方面隊を新編した（いずれも沖縄本島に設置）。陸自は、16（平成28）年3月の与那国沿岸監視隊などの新編に加え、18（平成30）年3月、本格的な水陸両用作戦機能を備えた水陸機動団を新編した（佐世保に設置）。さらに、19（平成31）年3月、奄美大島に警備部隊などを、宮古島には警備部隊を配置した。20（令和2）年3月には、宮古島に地対空誘導弾部隊及び地対艦誘導弾部隊を配置し、今後は、石垣島にも初動を担任する警備部隊などを配置することとしている〉

広島県の江田島には、全自衛隊初の特殊部隊として創設された特別警備隊が控えてもいることにも触れ、万全の体制が出来上がりつつある、としたのだった。

しかし、それでもなお破綻のシナリオを指摘する声があった。それを承知で、防衛関係者は、月刊誌・文藝春秋の2020年9月号を差し出した。

「読んでみたらいい」

同関係者が提示したのは、作家・麻生幾の記事であった。ポイントは、『キーン・エッジ』と命名され、2018年1月から2月にかけて行われた日米共同統合演習（CPX＝指揮所における机上演習）で作成されたシナリオの中身だ。麻生は、次のように綴っている。

〈「そのCPXでは様々なシナリオの設定が行われたが、中でも注目したのは、『尖閣諸島奪還作戦』のストーリーを設定したことだった」と語るのはアメリカのインド太平洋軍関係者だ。

「そのストーリーは、尖閣諸島の魚釣島に、40名の中国の武装した漁民が夜陰に紛れて突然、上陸。その対応のため、まず沖縄県警の警察官が急行する。しかし、武装漁民たちは自動小銃やマシンガンなどを撃ちまくり、その火力が警察力を上回ることが判明し、さらに犠牲者も出たことから、自衛隊の治安出動が決定。そこで、内閣総理大臣直轄部隊に編入された自衛隊の特殊部隊30名が尖閣諸島へ急行し、戦闘の末、中国の武装漁民20名を拘束した」（同インド太平洋軍関係者）

ところが、シナリオではそこから事態が急転したとする。

「武装漁民20名を逮捕したが、その漁民を救出するとの名目で、中国の主力、200名の部隊が魚釣島に空挺降下し、自衛隊特殊部隊を全滅させた。さらに自衛隊特殊部隊を救出するため、四波にわたって送り込まれたヘリコプター部隊もすべて撃墜された――」（同インド太平洋軍関係者）〉

防衛関係者が語る。

「あくまでもシナリオではあるが、尖閣への上陸が二段構えになり、後段に特殊訓練を受けた紅軍海兵隊が来るとしたら、危機的な状況になるのは間違いない。防衛省で想定済みの対応を、この時点で新たに実行に移せばいいという見方はあるだろうが、実際のオペレーションはそれほど簡単なものではない。防衛計画をさらに高度なものとして練り上げていく必要があろう」

尖閣諸島は断固守るとの姿勢を示したのだった。

だが……うまく運ぶものか。というのも、中国は、防衛省の内部情報にも手を伸ばしているからだ。事実、この時点でさえ、自衛隊の機密が漏れていたことが、のちに判明している。

海上自衛隊の「特定秘密」が中国の政府中枢に！

2022年末、防衛省は、国家の安全保障にかかわる「特定秘密」をOBに漏らしたとして、海上自衛隊幹部を懲戒免職し、特定秘密保護法違反の容疑で書類送検した。

同省によると、処分対象となったのは井上高志1等海佐。外国の艦船に関する情報収集などを行う情報業務群（現艦隊情報群）の司令を務めていた2020年3月、すでに退職していた元自衛艦隊司令官のOBに対し、特定秘密保護法で秘匿と定められた「特定秘密」に当たる日本周辺の情勢に関する情報のほか、自衛隊の運用状況、自衛隊訓練に関する秘密情報を漏らしたというが、OB以外への情報漏洩は確認されなかったとした。

だが、これに対し、そうではない、と公安関係者が異を唱えた。

同関係者が語る。

「機密情報に接した関係者のなかに中国系企業の代表者と連絡を取り合う者がいた。その人物を介して中国政府に海上自衛隊の動きなどをつぶさに伝えていたとみられる」

同関係者によれば、この企業の背後には、中国政治協商会議が控えており、完全に中国政府のコントロール下にあるという。

「政治協商会議は、共産党の最高指導機関たる党中央委員会の指揮下、企業群を管轄する役割を果たしているのだが、党中央の上には総書記の秘書室たる弁公室に加え、『セクレタリー・チーム』と米国が名づけた極秘の秘書室がある。総書記を兼ねる習主席の密命を遂行するグループだ。今回の場合、このグループからの指令である可能性が高い」

同関係者は、そう明かしたのである。つまり、海上自衛隊の機密が政府中枢に漏れていたというのだ。

さらに、こんな指摘もした。

「この年の11月に習主席が台湾・尖閣侵攻を視野に、10万人規模の極秘部隊を編成していたことが米国によって確認されているが、その備えとして習主席が極秘の秘書室を動かし、自衛隊情報の入手を企てたと見るのが妥当だ」

現時点では台湾急襲の作戦計画は凍結されているというものの、習主席の不穏な動きは、いまなお継続中だ。

実際、習主席の〝直轄工作〟は、これ以外にも明らかになっている。

習近平主席の直轄工作が露見！ カンボジア国籍取得の工作員を当局がフルマーク

事が明らかになったのは、2024年4月。きっかけは、公安関係者の、こんな一言だった。
「中国が工作員の身元をごまかすためにカンボジアを利用し始めたことがわかった」
独裁色を強めるカンボジアと中国が近年、近しい関係にあるのは承知していたが、これがいったい、どんなことを意味しているのかよくわからなかったため、「具体的に何をしているのか」と質《ただ》したところ、「中国人工作員にカンボジア国籍を取得させたうえで、世界各国に派遣している」と言うのだった。

そこで、さらに質問を重ねた。すると、日本に派遣された事例について、縷々明かされたのである。

「ウエイ・ウオン（仮名）という人物がいる。カンボジア国籍を取得後、日本に派遣されたエージェントだ。2023年に外国人住民として登録された中長期滞在者で、現在は太陽光発電や情報通信にかかわる事業を展開している企業の社員となっている。

この会社の代表者が上級工作員だからだ。そもそもこいつは、本国からの指令を中国系大手企業経由で受け、NTTの最新技術を窃取する目的で同社の施設管理などを行っているNTTの関連会社と取引を開始したものの、米国の警告によりNTT側が解除したといういわくつきの工作員だ。

ウエイは、その代表者から指示を受け、新たな工作を開始した。ＮＴＴについては、まだ諦めていないとみられる」

また、ウエイには別の顔もあるという。太陽光発電など新エネルギー事業等にかかわる会社を設立し、その代表に収まっていたのだ。この点について、公安関係者は、こう解説する。

「日本の太陽光発電事業に浸透しつつある中国が、さらなる事業の拡大を狙ってのこととみられる。とりわけ力を入れているのは、政府や公官庁への太陽光発電による電力の供給だ。送電システムなどを利用して機密を入手しようという工作の一環とみられている」

なお、同関係者によると、この会社の任務のなかには、中国に反政府的な在外中国人に対応する外国での警察機能も含まれているという。来日する以前、ウエイがシンガポールなどをはじめ、日本以外の複数の海外警察に関与していたというのが、その傍証とされる。

海外警察と言えば、２０２４年2月、日本の拠点とされた組織の幹部女性が警視庁公安部に摘発されたことで注目を集めたが、そもそも問題が露見したのは２０２２年のこと。スペインに本部を置く人権監視団体「Safeguard Defenders」が9月、「海外１１０番：中国の国境を越えた警察の暴走（110 Overseas：Chinese Transnational Policing Gone Wild）」と題した報告書を発表したことであった。

同報告書によると、中国・福建省と浙江省の公安局が、欧米を中心とする21か国に54にも及ぶ「海外警察サービスセンター」を設置していたというのだ。

これを受け、真っ先に反応したのがオランダだった。10月下旬、中国がヨーロッパに在住する反体制派の口を封じるための工作で、「海外警察サービスセンター」を利用している証拠を見つけた、と各メディアが報じたのである。報道を機にオランダ政府も調査に乗り出した。

だが、在オランダ中国大使館は、海外警察の存在自体を否定。また、中国政府は、「まったくの虚偽」とし、「海外に居住する国民が運転免許の更新などを行うための施設だ」と主張した。

日本でも顕在化した「中国の海外警察拠点」

同じ頃、日本では、政府に対する質問の形で、この問題が顕在化した。参政党の神谷宗幣議員が「中国の海外警察拠点に関する質問主意書」を提出したのである。

神谷議員は、〈(人権監視団体の報告書は)東京都内にも中国警察の海外拠点として、「福州公安」の「海外一一〇番警察報告服務台(事務所)」が存在するとしており、その所在地と名称を明らかにしている〉としたうえで、政府が海外警察の活動を把握しているかを確認すると同時に見解を質すなどしたのだった。

調べてみると、日本の拠点は華僑(海外に移住した中国人)の在日組織に併設されていたことがわかった。組織名は『一般社団法人日本福州十邑社団聯合《れんごう》総会』。前身は2018年に設立された『一般社団法人日本福州十邑同郷会』であり、2020年に名称変更されている。つまりは、日本に在住する福建省出身者のネットワークを、その名称も含めて利用する形で日本の海外警察は設置されたわけである。

何ともいかがわしく、かつ由々しきことだが、この事実が流布されたのは、11月に入ってからのことであった。週刊新潮が、この聯合総会と、総務副大臣ほか自民党の政調副会長や外交部会長なども歴任してきた参院議員・松下新平とが深い関係にあることを報じたのだ。

とりわけ、聯合総会の常務理事である女性・何丽红と抜き差しならぬ間柄であることを問題視した。〈外交顧問兼外交秘書として雇い、名刺を持たせ、参院議員会館に自由に立ち入りできる「通行証」まで取得させている〉と指摘したうえで、機密漏洩の危険性から警視庁公安部がマークしてきたなどとしたのである。記事では、松下の私生活の危機についても触れていた。

次いで、同月下旬、デイリー新潮が警視庁公安部の元捜査官のコメントを軸に追撃したのである。元捜査官は、こんなことを語っていた。

〈中国が『海外警察サービスセンター』を設置したのは、新型コロナの感染拡大が始まった2020年からです〉

〈表向きは、コロナ禍で海外にいる中国人が不便を被っているので免許更新などのサービスを行うための組織だと説明しています。ですが、実際は、海外にいる不良中国人を監視するためのものです〉

〈同じような監視制度は以前からありました。〉例えば、横浜の中華街では昔から日本にいる中国人が監視役を担ったりします。反政府的な中国人などがいれば中国大使館の諜報員に密告していました。結局、そういうやり方では限界があるので、中国の公安当局が出先機関をつくり、そこで中国人の犯罪者や反中国的な動きをしている者の情報を収集するようになったんです〉

また、秘密工作についても言及。

〈中国の海外警察は、元々中国共産党の公安総局がつくった組織ですから、諜報機関も兼ねています。松下議員から国の機密情報を狙っていた可能性は大いにありますね〉

〈松下議員のように将来大臣になる可能性のある議員に接近して親密な関係を築き、実際、大臣になった時に機密情報を本格的に入手するのです。例えば防衛大臣なら、自衛隊の潜水艦や迎撃ミサイル、日米の演習に関する機密情報を入手するでしょうね〉

やはり、スパイ活動にも手を染めていたとみられるというのだ。

すでに日本の各都道府県にある中国の秘密警察組織

だが、事は、もっと深刻のようだ。現役の外事関係者は、これらの証言に異を唱える形で、こう語った。

「日本で海外警察が設けられたのは、2020年ではない。2010年のことだ。この年、中国で国防動員法が施行されている。それに合わせて設置されたというのが日米の共通認識だ」

国防動員法とは、国内ばかりか国外にも効力を及ぼす数々の法令を束ねた膨大な権限を持つものだが、そこには、敵国などに対する政治工作のための動員令や実務規定などが含まれている。同関係者は、この法律施行こそが海外警察の始まりであり、日本に深く浸透しているというのである。

しかし、そのために警察権を利用するというには違和感がある。その点を質すと、こんな答えが返ってきた。

「海外警察には、ふたつの役割がある。ひとつは、工作員の拠点としての機能。もうひとつは、在外の中国人に対する行政サービスや監視を含め、より幅広い活動を行うための機能。聯合総会は、後者に力点を置いて華僑のネットワークを利用しようという、ある意味では表看板を持つ組織だ。前者の機能をフルに果たしているのは、秘密の海外警察だ。実は日本の全都道府県に配置されている」

行政サービスなどは一切、行わず、名称すら明らかにしようとしない組織たる「秘密警察」が日本国内に多数あると強調したのだった。

「支障があり過ぎるため名称は出せないが、太極拳の教室とか、健康や結婚の相談所、それからごく普通の中華料理店などが秘密の海外警察に指定されている。日本全土を網羅する形になっており、そこを拠点に工作員が活動している」

同関係者は、そう解説し、いま問題にされているのは氷山の一角だ、としたのである。横のつながりについても触れ、こう付言した。

「聯合総会も含め、必要に応じて、連絡を取り合っており、その点では表も裏もない」

こうしたことを踏まえ、警視庁公安部は、2023年5月、聯合総会を家宅捜索。数々の資料を押収し、活動実態の解明に努めたという。

「結果、何が大物工作員であることが判明。中国本国と関係の深いウエイとのコンタクトが確認されたのだ。そこで、このまま放置しておくわけにはいかないとして、出てきた資料のなかからコロナ関連の給付金に目を付け、詐欺の容疑で立件した。風俗店を整体院と称し、新型コロナウイルス対策の持続化給付金100万円をだまし取っていたためだ」

先の公安関係者は、そう明かしたうえで、さらに続けた。

「米国は、ウエイらの工作について、『中南海が指揮を執っている肝煎りの工作だ』と明言している。〝中南海〟とは、中国共産党中枢の本拠地を指す言葉であり、その工作となると、党中央委員会、あるいは、その情報機関たる中央統一戦線工作部を意味していると考えられがちだが、実は、この工作については、それよりも上――習総書記の極秘の秘書室が指揮しているとみている。このチームは、総書記の密命を遂行するグループであるから、換言すれば、習自身の工作とも言える。

もともと中国系大手企業は扱いが別格で、党の最高指導機関たる党中央委員会の指揮下、政治協商会議がコントロールしている企業群とは一線を画している。そういったことも踏まえての分析だ」

　習主席が直轄するとされるカンボジアを利用した工作員の偽装工作は、海外警察という不穏な蠢《うごめ》きとも連動し、さらに深刻度を増しつつあるようだ。


　この2か月後、習主席のさらなる暗謀が発覚した――。

習近平、終身体制に保険　毛沢東を真似て軍を「妻の手」に……

「まるで江青のようだ」

　米情報筋は、ぽつりと漏らした。

　江青とは、中国建国の父で初代党主席として長年、最高指導者の立場にあった毛沢東の最後の妻ことだが、俎上《そじょう》にのっていたのは現在の国家主席である習の夫人・彭麗媛だ。耳を傾けていると、こう続けた。

「そもそも経歴からして類似が著しい。江青は藍蘋の芸名で活躍していた女優で、毛と結婚後には文化省の映画指導員などを務めたが、彭麗媛も国民的な人気を誇った歌手で、習夫人となって以降、人民解放軍の歌舞団を率いるなどしている。ふたりとも著名な芸能人であり、結婚後には政府の文化部門に関与している。また、彭麗媛は、いま言ったとおり、軍との関係が深いが、江青もそうだ」

言われてみれば、なるほど似ているが、これが意味するのは何か。偶然の一致について言及しているわけではあるまい。案の定、その先があった。

「どれもこれも、習のたくらみだ。毛に倣って、意図的にしたとみられている。結婚からして、その可能性が高い。そのために、わざわざ著名な芸能人を選んだ。習が離婚を経て結ばれている点でも毛と同じであるのは、偶然では説明しがたい。

私生活までも毛の継承者たること――それこそが動機。当時、習は、毛の威光を背に出世の階段を駆け上り、トップに立つことを狙っていたのだ」

情報筋は、そう語った。習主席が彭麗媛と再婚した1987年、当人はまだ政府の一官吏に過ぎなかったものの、すでにその頃から壮大な野望があったというのである。

一見、大言壮語であるかに見える。が、実際、習主席は、その後、見事に昇進し、2007年に最高指導部・党中央政治局常務委員、翌2008年には国家副主席に抜擢され、当時の最高指導者・胡錦濤党総書記を追い落とさんばかりであった。

同筋が続ける。

「わずか20年にして、習は、その野望をかなえつつあった。夫婦そろって来日し、皇室との交流を見せつけ、両者の存在を国際的にアピールしたのは、その証左のひとつ。副主席になった翌年の2009年のことだ。

まずは11月。彭麗媛が団長を務める人民解放軍の歌舞団の公演を東京と札幌で開催した。東京会場となった学習院大学での公演には、皇太子（現天皇）を招いている。次いで12月。夫人に続いて習が来日し、天皇陛下と会見するなどしたのだ」

独裁体制を固めるため軍の取り込みと私兵の強化を図る習

日本はすっかりと利用されてしまった形だが、習主席の野望は、この程度で満たされるものではなかったようだ。

中国情勢に通じる日本の公安関係者も、こう語る。

「2012年に胡錦濤に取って代わって党総書記の座を射止めた習は、満足するどころか、さらに野望を燃やした。翌2013年には国家主席にも就いているが、それには飽き足らず、主席2期目の2018年、『任期は2期10年』との規定を撤廃し、それをもって『党総書記の任期も同様』とする従来の不文律をも葬り去った。そして、2022年に党総書記続投を断行し、2023年には3期目の主席に就いた。

まだある。習は、党主席というかつて廃止された最高職位を復活させ、自ら就任しようと画策した。最終的には諦めたが、これは毛の職位。建国の1949年から死亡する1976年まで、党主席として君臨し続けた。

これらが指し示しているのは、習が、まさに毛のごとく終身独裁体制を目指し、その保険までかけようとしたということだ」

その飽くなき野望は果てることなく、〝模倣〟は、いまなお続いているという。先の情報筋が明かす。

「どこまでも毛だ、とする習が、いま最終ステップに進みつつある。軍の取り込みと私兵の強化だ。終身の独裁体制を保つためには欠かせないことだからだ」

かつて毛は、「封建的文化や資本主義文化を批判し、新たに社会主義文化を創生しよう」と訴えて「プロレタリア文化大革命」と題する政治運動を展開し、その過程で政敵を排除していったが、実行面でこれを支えたのが毛の影響下にあった軍と自身が組織した紅衛兵だった。毛は、軍は配下に、そして紅衛兵は江青に任せる形で、政敵を撃墜し、独裁体制を築き上げたのである。

習主席の頭には、このことがあったに違いない。最近、めまぐるしい動きが確認されたという。

同筋が続ける。

「今年(2024年)5月、彭麗媛が幹部審査評議委員会専任委員の肩書で軍の学校を訪れ、軍上層部の人材育成のありようを視察している。彭麗媛は、軍の歌劇団を率いるなどしていたことから、少将の肩書を持っていたが、軍幹部の審査をする立場となると、軍を統《す》べる要職に配されたとみられる。また、彭麗媛は、習の私兵の指揮権まで持たされたとの情報がある」

〝習の私兵〟とは、前述した「marines of the Chinese Red Army（中国紅軍海兵隊）」という名称の極秘部隊のことだ。名称については、1927年に中国共産党が組織した「中国工農紅軍」の通称で、人民解放軍の前身である「紅軍」を想定したうえでの命名とされるものの、実は紅衛兵を念頭に置いてのもの。習主席は、この私兵をも彭麗媛女史に委ねようとしているというのである。

「大事なところは親族で固めるという典型的な独裁者と見る向きはあろうが、それは傍観者の見立て。中国国内では、正当なやり方となる。何と言っても、建国の父がやってきたことを踏襲しているのだから。かくして習は、死ぬまで中国を統べていくことになる。いよいよ飽くなき野望が満たされようとしている」

同筋は、そう言うのだが、気にかかることがある。現在の中国の世界戦略だ。習主席の野望は果たして満たされ、中国国内に止まるものなのか。今後が案じられる。

第二章

産業スパイ

——照明、携帯ゲーム、ペット、ゴミ……

照明やゲームから盗聴？　地震予測もスパイ対象？　まさか……。

ところが、そういった工作に手を染める中国の産業スパイが日々、跋扈《ばっこ》しているのである。

しかも、習主席の直轄工作が露見しはじめた2020年以降、その動きは加速されつつある。

米国が神経をとがらせた『清華大グループ』ナンバー2は日本人だった

2020年7月、米有力シンクタンク「戦略国際問題研究所（CSIS）」が由々しき指摘を行った。

米国務省の支援を受けて作成した「日本における中国の影響力（China's Influence in Japan）」と題する報告書のことだ。安倍晋三首相の補佐官を務めた今井尚哉や自民党の二階俊博を「親中派」と名指ししたばかりか、米国が問題視する中国企業と日本とのつながりについても言及したのである。

当該部分を翻訳して、引用しておこう。改行は適宜行った。（　）内は筆者注。

〈2019年12月、秋元（司衆議院議員）は、中国のオンライン・スポーツ・ギャンブルの大手プロバイダー500．コム（500ドットコム）から総額370万円の賄賂を受け取ったとして逮捕された。

同社の主要株主は、中国政府が支援する半導体メーカー清華大グループ（清華紫光集団）であり、同グループの51％の株式を保有しているのが、習近平（国家主席）や胡錦濤（前国家主席）を輩出した清華大学の完全子会社である精華ホールディングスだ。胡の息子の胡海峰は同グループの党書記（中国のおおよその企業では共産党組織が置かれている）でもあった。

清華大グループは、２０１３年11月に５００．コムが初の四半期損失を計上したのちも臆せず株式を増やしたものの、同社の損失は続いた。そのため、５００．コムは日本を含む中国国外での代替収益源を探そうと努めた。５００．コムは、２０１７年７月に日本に子会社を設立し、その１か月後にカジノビジネスの可能性を議論するシンポジウムを沖縄で開催している。

秋元も基調講演者として招かれたが、政府要人であるため２００万円もの講演料を受け取った。こうした中国絡みの贈収賄スキャンダルは日本ではほとんど報道されていないが、両国の相互関係がさらに深まっていけば、また汚職事件が繰り返される可能性が高まるだろう〈秋元は、自民党の一大派閥である二階派に属しているが、同派は自民党の親中派グループである。

このグループは、「二階－今井派」とも呼ばれている。安倍（首相）の相談役であり、元経産省官僚だった今井尚哉は、ビジネスの見地から中国やそのインフラ事業に対して柔軟なアプローチをするよう首相を説得してきた。

故郷の和歌山の動物園に中国から５頭のパンダを連れてきた（事実誤認とみられる）二階は、

2019年4月に首相の特使として訪中し、習近平と面会のうえ、米国の見解にかかわらず、BRI（The Belt and Road Initiativeの略。習主席が進める広域経済圏構想「一帯一路」のこと）に日本は協力すべきだと主張した。また、習の日本への公式訪問を促した〉

問題の企業とは、ここで取り上げられた『清華大グループ（清華紫光集団）』。1988年に清華大学のビジネスベンチャーとして設立され、その後、増資や多数の企業買収などを経てあっという間に世界的企業へと成長した。

同社の資料によれば、年間収益115億ドルと4万5000名の従業員数を誇り、世界で3番目に大きい携帯電話のチップ（集積回路）設計会社として、世界市場で20%のシェアを持つばかりか、中国最大のクラウドプロバイダー（インターネット上でさまざまなサービスを提供する企業）の1つでもあり、世界展開もしているという。

2020年10月に上海市で開催された「中国国際半導体博覧会（IC China 2020）」でも、その展示は大いに注目されたようだ。

経済記者が語る。

「世界最高レベルとなる128層の3次元フラッシュメモリー（読み書きのできる記憶装置）や5G（高速大容量の通信を可能にする第五世代のシステム）向けの半導体チップ、国産のDRAM（パソコンやスマートフォンに使われる記憶装置）などが展示されており、中国の独自技術を誇るかのような案配だった」

おりしも米国がファーウェイに続いて、中国最大の半導体受託製造企業であるＳＭＩＣ（中芯国際集成電路製造）を輸出規制の対象とし、国際的な半導体サプライチェーンから中国の排除を強化した直後であっただけに、中国も今後の不安を払拭するのに懸命であったとみられているが、逆にこれが米国を逆なでした。

「精華大グループは看過できない」

米情報筋は、そう漏らし、同グループのナンバー2と言える高級副総裁兼日本支社最高経営責任者に就いている元エルピーダメモリ社長の坂本幸雄についても、言及したという。

米中関係に通じる外事関係者が語る。

「坂本は昨年（２０１９年）末、ＤＲＡＭを量産化する目的で精華大グループにハンティングされ、日本を拠点に活動を開始し、着々と計画を進めていた。こうした点を米国は、懸念していた」

事実、坂本は、同年の週刊東洋経済（10月24日号）で、こう述べている。

「（使命は）日本が拠点の『設計センター』（川崎市）で最先端のＤＲＡＭを設計することだ。新型コロナウイルスの影響で始動が遅れているが、東芝やエルピーダの元社員を中心に半導体技術者が26人入ってくれる予定だ。彼らは前職では自分で自由に仕事ができないという不満を抱えてきたようだ。紫光の給料も魅力的だ」

中国への技術者の流出はかねて問題になってきたが、米中がＩＴ技術をめぐって火花を散らす最中に中国側に立って先兵を務めるかのようなこの動きに、世界の関心が集まった。

「技術者流出というと焦点がぼける。問題の本質は、これから開発される技術だ。要するに、中国は、将来の新技術を奪おうとしているということだ」

外事関係者は、技術者流出を産業スパイの観点から指弾したのである。

ところが、こうしたことが露見し始めると、同グループは、再編の形で看板を掛け変え、経営実態の秘匿に努めるようになった。また、坂本も別会社に転じるなどしたのち、２０２４年2月に死去している。

これらが意味するのは、〝潜伏〟以外にない。できる限り目立たぬようにしつつ、目的を遂げること。すなわち、実態は変わらず、工作は進行中ということである。

姑息な策を弄することも辞さない中国。もちろん、そのスパイ行為が、この程度で済むはずはなかった――。

ゲームが危ない 虎視眈々とあなたを狙っている

スマホ（パソコン機能が付与された携帯電話）でゲームに熱中するひとは少なくないが、そんな娯楽にまで中国の魔の手が迫っていたことが判明した。2021年6月のことだ。

公安関係者が語る。

「コロナでオフィスから離れてリモートで仕事をする機会が増えるなか、威力を発揮しているのがスマホ向けアプリ（ソフトウェア。パソコンやスマホ内で作動するプログラム）を手掛ける中国系企業だ。なかでもゲームアプリを作っている企業が大活躍だ。

ゲームアプリを介して、スマホ内の情報はもちろん、通信内容、さらには通信先までたどって個人情報はもとより、ありとあらゆる情報を抜いている。仕事用のパソコンと同じＷｉ－Ｆｉ（通信網とつなぐ無線システム）を使っていたら、パソコンにも侵入でき、その中身――すなわち企業秘密まで容易に取れてしまう。中国は高笑いだ」

こうした状況について、やはり米国は、深い懸念を表明したというが、なかなか有効な手立ては講じられていないようだ。

公安関係者が続けた。

「日本に入り込んだ中国人がいくつものゲーム会社を作っていろいろやっている。10社以上確認されているが、最も悪質なのは永住資格を取得してゲームアプリでヒットを出している会社だ」

経営者は、中国教育部（文部科学省に相当する官庁）直属の大学であるとともに、党中央が重点大学と指定している天津大学を卒業後、日本の大手ＩＴ企業に就職。そののち、ゲーム会社を設立した人物だという。情報が政府中枢に筒抜けであるのは間違いない。

２０２１年12月には、とんでもない工作を、密かに仕掛けている人物の存在が、またもや明らかになった。

中国の壮大な「日本ハッキング計画」LED照明～海上風力発電、さらには……

問題の人物とは、日本に在住する60代の中国人・田永（仮名）。投資会社の代表だ。田を知る業界関係者は、こんな物騒なことを打ち明けた。

「田は、事件屋と、その秘書役を介して、日本企業の買収を目論んでいる。現時点では、ＬＥＤ（光る半導体）照明を製造する会社に資金提供して、ゆくゆくは乗っ取り、中国資本の投下窓口として利用しようというプロジェクトを進めている。

さらに問題なのは、製造する照明のなかに、リモート操作ができるようにＷｉ－Ｆｉを組み込むよう計画していることだ。盗聴やハッキングを目的としているとみられる」

日本全国のオフィスや家庭にあまねくハッキング装置を植え付ける？「まさか⁉」と言う以外にない壮大な計画なのだという。

これだけでも極めて由々しきことだが、田には、さらなる計画があるようだ。

投資業界に通じる永田町筋が語る。

「田には、自民党に太いパイプがある。とくに副大臣クラスまで務めたベテランの前議員と近しく、そのベテランを介して、自身が構想する洋上風力発電プロジェクトを日本で成功させるべく、監督官庁である経済産業省への働きかけを行いつつある。目的は、洋上風力発電設備を設置する場所の確保と日本政府から補助金だ。

補助金でまかなえない部分は、日本人を代表にした別会社を窓口にして中国から資金を入れるとしており、また、五洋建設と組んで施行するとうそぶいている」

こちらのプロジェクトの中身も壮大だ。日本全国に４５００基もの設置を予定しているというのである。しかも……。

永田町筋は、こう続けた。

「施工の際には、通信傍受システムを搭載するのではないか、という噂が出回っている。中国がカネを出すのは、そのためだというから、実にけしからん話だ」

実現すれば、４５００基の通信傍受システムが日本を包囲することになるというのである。これまた、「まさか⁉」と思わざるを得ないが、五洋建設と言えば、洋上風力発電を得意とする企業だけに、軽視はできない。同社の資料には、こんな記載がある。

〈五洋建設は港湾海岸工事施工において百余年にわたる豊富な実績を有しており、国内に建設された着床式洋上風車のうち約7割のシェアを誇っています。

※基礎工事から風車建設に至るまで海上工事による施工。地点数にて算定。2014年4月現在〉

また、経産省の外郭団体であるNEDO（新エネルギー・産業技術総合開発機構）の実証研究の一環で、福岡県北九州市沖に建設された国内初の本格的な外洋での洋上風車を工事実績として挙げ、こうアピールもしていた。

〈支持構造形式はハイブリッド重力式を採用。隣接して洋上観測塔も併設。支持構造物の詳細設計から大臣認定取得、支持構造物製作・施工、風車の運搬・組立までを実施〉

要するに、すでに経産省とかかわりがあるのだ。そうしたことを視野に入れると、実現可能性と同時に、日本全国を網羅する4500基の通信傍受基地局が出来上がってしまうかもしれないという懸念が高まる。

先の永田町筋が語る。

「日本の情報セキュリティは大打撃を受けるだろう」

こうなると公安当局も看過できまい。

関係者に取材すると、田の活動などについて把握していることを認め、こう明かした。

「日本担当の工作員であり、経営する会社は、その機関すなわち工作機関だ。そうした会社が、政治家との関係が深いため、注目し、内偵している」

こんな解説も付け加えた。

「かつてと違って、いまの工作員は、会社の衣をまとって表舞台で活動するようになってきている。そういった舞台装置を使って多額の工作資金を動かして、政治を中心に効果的な工作活動を展開している。これが、最近の時流であり、特徴だ」

同関係者は、当局のデータベースをもとに岸田政権が重要政策として掲げた経済安保に向けて作成した『中国の主要工作員・工作機関リスト』なるものにも言及した。そのなかには、田が買収を計画していた上場企業もあった。それについては、こんな解説を行った。

「この社は、有力政治家をはじめ、地方の有力者などと頻繁に連絡を取り合っている。その数たるや260人にも及ぶ。筆頭は首相経験者や元野党党首らだ。また、気になるのは、北海道在住の者が結構おり、なかには広大な土地を有する帯広の畜産業者もいたことだ」

これまた気になることだが、幸い、洋上風力発電にかかわる田の計画は頓挫した。とはいえ、LED計画は健在であり、また、ほかの工作も進行中だ。

そのなかには、日本企業の根幹を支える全国の中小企業をターゲットとしたものもある。中小企業向けの業務システムを手掛ける中国系企業の関係会社を動かし、このシステムのなかにバックドア（盗聴やハッキングの窓口）を設けるなどしようとしているのだという。

ことほど左様、田の盗聴への執着は生半可なものではない。2022年には、さらに別の工作が露見した。

中国工作員がTSMC熊本工場にロックオン

公安関係者が語る。

「日本政府が多額の補助金を出して日本に誘致したTSMC（台湾積体電路製造）への田の工作が明らかになった。自分は直接かかわらずに、関係のある日本の建設会社を使って、TSMCの工場の周辺の土地を確保し、職員の住宅用にマンションなどを建設する計画に入った。なお、ダミーの建設会社が現地の情報に通じる九州の建材会社に声をかけたことも確認された。連携して動くつもりのようだ。

もし、こうした住宅にTSMCの職員らが住むとすると、どんなことが起こることか……。盗聴、監視はもちろん、機密漏洩のはたらきかけや引き抜き工作なども十分あり得るとみられる」

田の指令を受けた建設会社と、同社と連携する建材会社は、2022年1月末、TSMCの新工場と熊本空港（新工場から数キロ）、それと熊本市の中心部（新工場から15㎞程度）の3地点を結ぶエリア内に絞って、住宅建設用地を探し始めたという。

こうした中国工作員の動きについて、先の公安関係者は、「中国本国の台湾政策を反映してのものとみられる」と付言したうえで、こんな解説をした。

「中国は、2021年夏、北戴河でのVIP会談の場で台湾への武装侵略を断念した。江沢民元主席ら長老に戒められ、習主席が屈服した形だが、代わりに採用されたのが、『政治・経済を通じての統一路線』だ。

具体的には、国民党や台湾企業への工作をより活発化させるということだ。とりわけ企業に対する工作には力を入れるとみられている。台湾の枢要企業からの技術者の引き抜きはこれまでも行われてきたが、それをさらに強化する方向だ。TSMCは、そのメインターゲットのひとつ。

台湾は、中国が施行した国家安全維持法によって実質的に主権を失った香港からの移住を歓迎しているため、中国のスパイが香港人を偽って移住してくることを防ぎきれていない。そこに中国は、付け込むつもりのようだ」

現在、台湾には中国から送り込まれた工作員が約5000人いるとされるが、香港人を装った工作員をさらに紛れ込ませたうえ、工作員自身あるいはその協力者によって台湾で企業を立ち上げさせたり、すでにある中国企業にヘッドハンティングしたりして、技術者を引き抜くという計画が急ピッチで増強されつつあるというのである。

「中国なしにはやっていけないという状況を作ろうという作戦の一環だ。この計画を日本にも適用しようというのが、熊本の件とみられる。盗聴はその下準備の一環だ」

公安関係者は、田の工作について、そんな分析をしたのだった。

ちなみに、ＴＳＭＣへの工作は、これに止まらない。

ＴＳＭＣに人材派遣予定の会社そこに中国エージェントが……

２０２３年５月、公安関係者は、新たな工作が判明した、としたうえで語った。

「結構な規模の人材派遣会社が、ＴＳＭＣの日本工場に技術者などを派遣することが決まったが、実は、その会社に中国が手を打っていることが判明した。米国も問題視している。代表者には北朝鮮で出生したという背景があり、現在は中国のエージェント（工作員）として、密かに活動している。これまでも中国企業と連携したりしてきたが、今回は党中央からの指令を受け、フル稼働している。技術者教育を受けた中国のエージェントを送り込む予定だ」

ＴＳＭＣの工場をめぐっては、先に述べたように、職員住宅を盗聴する計画などがあることが確認されていたが、技術者をエージェントとして送り込めれば、そんな手間のかかる工作をする必要がなくなるどころか、肝心の情報にダイレクトに手が届く。中国は、あの手この手でＴＳＭＣに迫ろうとしているわけである。

果たして、日本政府は機密を守れるのか――。

職員住宅にかかわる工作は捗々《はかばか》しく進まなかったようだが、人材派遣を通じた工作は着々と進められており、これからも続いていくとみられている。

少し時間を戻して、先に触れた北戴河でのVIP会談にまつわる情報工作についても記しておこう。

朝日新聞に中国エージェント？　世界の情報コミュニティが啞然とした記事

2022年1月、朝日新聞がインテリジェンスの世界でひそかに注目を集めた。日本の公安当局をはじめ、世界各国の情報コミュニティが啞然とした記事を発信したためだ。

問題となったのは、習主席の2021年夏の動向を大々的に報じた同月の記事である。《空白の「17日間」習氏が描いたユートピア》と題し、こう綴っていた。

〈中国共産党総書記（国家主席）の習近平は昨夏、7月末から17日間にわたって動静が途絶えた。

この時期は例年、中国共産党の現役幹部や党長老が河北省の海辺の保養地、北戴河に集う「北戴河会議」がある。秋の中央委員会全体会議や5年に1度の党大会に向けた根回しの機会であり、中国政治はここで決まるとまで言われた時期もある。

昨年も北戴河の駅や高速道路の出口には多くの警官が立ち、ものものしい警備が敷かれていた。しかし、複数の党関係者が「習は北戴河には行かなかった」と断言する。

習はどこで、何をしていたのか。業務を補佐する党関係者は「習は北京にとどまり、二つの原稿を推敲していた」と明かした〉

習主席の写真満載であることからしてPRであるのは明らかだが、それ以上に、中身が問題となった。


公安関係者が語る。

「習が『北戴河には行かなかった』なんてよく書いたもんだ。実際は、行っているし、その場で長老に叱責されたことも確認されている。当然、諸外国の情報機関も確認済みだ。だからこそ、問題視された。朝日は中国の下請けか、と。叱責の事実、失態をなかったことにしたかった習の言いなりになったと物笑いの種にさえなった」

筆者も北戴河での一件は聞き及んでいる。

台湾をめぐる話し合いの場でのことで、台湾の動向に通じる江沢民元主席が、台湾への武力侵攻を画策していた習主席を厳しく指弾したのである。関係者の証言によれば、以下のようなやり取りがあったとされる。

「江元主席は、習主席の野望を喝破するかのように、中国史上屈指の名君とされる清朝の康熙《こうき》帝《てい》を引き合いに出し、広大な国を治めるために同帝が注力した黄河の『治水』と『漕運（水上輸送）』の整備に触れたうえで、『（台湾侵攻は）やるなら、もっと前にやっておけばよかった』『いまや、無傷では済まない。台湾のミサイルで三峡ダム（電力供給だけでなく、洪水抑制、水上輸送をも目的として建設された大型ダム）を狙われたら、どうする。『治水』や『漕運』どころの話ではない。人民の被害は甚大だ』と論駁《ろんばく》したのだ。終身主席を目指すなら、まず中国統治の安泰を考えるべきだ、と諭したわけである」

膨大な国民を擁する中国の統治には、意外なことに、水の管理が欠かせないというのが歴史上の冷厳な事実だ、と同関係者は、強調した。

ちなみに、「漕運」とは黄河と長江を結ぶ大運河を利用した水上による物資輸送を指しており、経済の大動脈として、いまなお中国では重要視されているという。

調べてみると、実際、中国の内陸河川の貨物輸送量は長年、世界一であった。2020年の中国の内陸河川貨物輸送量は38億1500万トンにも達しているのだ。交通運輸部（省に相当）の趙衝久副部長も2021年6月、国務院新聞弁公室で開かれた記者発表会で「中国はいまや重要な影響力をもつ水上輸送大国」だと述べたうえで、強国（軍事・経済的に富んだ国）にするために水路の整備などに取り組んでいる、と表明したほどだ。

「円滑な水上輸送には、大河や大運河の整備・管理が欠かせない、としたわけだが、同時にこれは治水の面からも重視されている。一度、洪水となれば、国民に途轍もない被害が出るからだ。食料問題も生じる。江元主席が言及したのは、これらの重要性であり、水回りの管理に尽力した康熙帝に触れたのも、そのためだ。言外に、水を制する者が中国を制す、逆に言えば、それができないようなら国の統治などできない、皇帝にはなれないとにおわせ、習主席を威嚇したわけだ」

関係者は、そう語った。

確かに歴史を紐解くと、治水の重要性は中国古代の伝説の帝王、尭《ぎょう》と舜《しゅん》にまで遡る。両帝は後世の帝王の模範とされ、その系譜に康熙帝も連なる。終身主席を目指す習主席にとって、江元主席の言は重く響いたに違いない。台湾に侵攻し、返り討ちに遭って治水が脅かされるようなことになるならば、終身主席の資格はないと宣告されたようなものだからだ。

実際、習主席は、沈思したというが、このやり取りの背景には、意外な事実が隠されていたようだ。

浙江財閥を通した台湾側の根回しの成果

同関係者が明かす。

「実は、これは台湾側による根回しの成果でもあった。キーになっているのは、浙江財閥だ」

浙江財閥とは、上海を本拠にする浙江省や江蘇省出身の金融資本家らの総称である。第二次世界大戦前に海外の資本と手を結び中国の政治・経済に多大なる影響を及ぼした。戦後、解体されたと言われているが、実際は形を変えて存続しており、現在なお隠然たる力を秘めているとされる。中国はもちろん、台湾もその影響下にあるとみられている。とりわけ台湾においては、戦前、同財閥が初代中華民国総統である蔣介石を支援したことから、いまも密接な関係にあり、その政治・経済に深くかかわっているともいう。

同関係者は、こう続けた。

「浙江財閥は、現台湾政府とつながる一方、かつて支援した江元主席一派との関係も維持している。つまり、財閥が台湾の意思を江元主席に中継したわけだ」

浙江財閥および江元主席一派らと争った末にいまの座を手に入れた習主席がどこまで事情を読み取ったか定かではないが、しばらくしてこう切り返したという。

「政治・経済を通じての統一路線も強化します」

これについては、「考え違いをしておりました。別の方向を探ります」と発言したとの情報もあるが、ともあれ、習主席にとって屈辱であったことは間違いない。現トップとしては、何としても消し去りたい汚点である。それがために、「北戴河には行かなかった」とマスコミを使ってアピールしたとみられている。

先の公安関係者は、こんな見解を示した。

「朝日にはかねて中国のエージェントがいる……との話があったが、この件を見ると、さもありなんという気がする……」

もっとも、朝日新聞は、綿密な取材に基づく記事、として公安当局の指摘を一蹴した。

さて、どうなのか。

実を言えば、公安関係者には、もっと踏み込みたそうなそぶりがあったため、しばらく発言を待ったが、軽く首を振ると、別の話題に転じたのだった。

だが、その一方で警視庁公安部長が公に赤裸々な発言をし、世間の耳目を集めた。その2か月ほどあとのことだ。

警視庁公安部長が警鐘を鳴らした！「中国人に入り込まれた企業」

「経済安保に絡んで警視庁の公安部長が行った講演が話題になっている」

さるメディア関係者が、そんなことを口にした。2022年3月に東京商工会議所主催のセミナーで公安部長の宮沢忠孝が行った経済安全保障に関する講演のことだというが、いったい、どんな内容のものであったのか。

調べてみると、「安全保障貿易管理・技術情報流出対策セミナー――適切な管理体制の構築方法と外部攻撃対策の重要性・対応方法――」と題されたもので、以下のように説明されていたことがわかった。

〈今日の世界各国は、諸外国のハイテク分野での技術力向上や不透明な国際情勢を受け、戦略産業の育成やグローバル・サプライチェーンの見直しなどの経済安全保障に関する取り組みを強化しています。こうした中、わが国では、企業が保有する機微技術や重要技術の優位性・不可欠性を確保し事業活動を実施できる環境整備に向け、安全保障貿易管理のさらなる推進を図っています。（中略）警視庁からは、企業が日々の事業活動の中で直面しうる、技術・製品情報の流出について、事例を交えながら紹介いただくとともに、企業としての対策ポイントを、サイバー攻撃の実態とあわせて解説いただきます〉

この講演の中で宮沢は、企業名は明示しなかったものの、中国のあざとい工作事例について言及したという。

先のメディア関係者が続ける。

「宮沢は、西日本のあるＩＴ企業が２０１４年に工場火災に見舞われたのち、半ば身売りのような形で中国企業の子会社になり、新たに中国人が代表取締役に就いたケースを取り上げたが、暗に中国側が仕組んだうえでのことだとにおわせた。

ちなみに、この会社は、規模は小さいながらも技術力に優れ、パナソニックや富士通などとも取引があり、半導体業界におけるいわゆる『下町ロケット』的な存在とされた企業であった。中国は、その技術力とともに、まさに重要なサプライチェーンを押さえるべく、買収に乗り出したとみられている」

何とも巧妙なやり口であり、背筋が寒くなるような話でもあるが、実はさらに不気味なことが判明した。

公安関係者が語る。

「われわれが中国人留学生の日本定住工作にかかわっているとみて、監視や情報収集を行っていた東京都内のＩＴ企業と深い関係にある中国大使館関係者が、この企業とも接触していることが最近わかった」

潜伏工作員のために身元保証や住宅斡旋をするＩＴ企業

事の始まりは、中国人留学生を多数受け入れている学校法人への捜査だったという。

同関係者が明かす。

「学校に出入りする人物の動向や、学校関係者らの通信記録などの確認から、いくつかの企業が関係先として浮かび上がったのが端緒だったが、どんな関係があるのか調べていくうちに、日本定住のための就職先として機能していることが判明した」

そのなかでもっとも注目されたのが、都内のＩＴ企業であったという。社員を１０００人近く抱えており、中国人留学生の受け入れ先として有力とみられたためだ。

「こうした企業に就職すれば、就労ビザがすぐにも取れるし、ゆくゆくは永住権を取ることも可能だ。就職した者のなかには、明らかにスリーパー（潜伏工作員）とみられる人物もいる。定住工作が進行中ということだ」

公安関係者は、そう続けた。つまり、中国からの留学生が日本で就職し、スリーパーになりつつある実態が明らかにされたわけだが、ＩＴ企業への監視活動によって、こんなことも判明したという。

「代表者の住所で車庫証明を取っている車があったので調べてみると、使用者が中国大使館関係者だということがわかった。

また、代表者は、大使館関係者と電話やメールなどで頻繁に連絡を取っており、その記録からも協力関係が明らかになった。それらを分析すると、日本定住のために必要なサポートについて数々の依頼を受け、それぞれきめ細かに対応していることも判明した。

たとえば、中国人の帰化申請のための身元保証。代表者は、３人の中国人の身元保証をしている。過去の保証と合わせると計７人。うち一人は、ファーウェイ・ジャパンに転職したことも確認されている。

それから婚姻。帰化申請がスムーズに行くように日本人との婚姻を斡旋したりもしている。中国人男性に対して日本人女性というパターンが多いものの、中国人女性に日本人男性をという場合もある。

さらに言えば、住まいの紹介なども当然のこととして行っている。ちなみに、代表者は、中国人にスムーズに住居を手当てするために、表に出ない形で不動産業も手がけている。彼の経歴や会社の関係を当たっても決してわからないよう工夫もしている。ただ、代表者の経歴を当たると、興味深い伏線が見つかる」

公安関係者は、こう語ったのち、〝表に出ていない〟不動産会社の社名等を列挙した。銀行取引や通信記録から判明したとのことだった。

また、伏線とは、宋文洲なる中国人が創業し、営業支援システムなどを提供しているソフトブレーンという会社のグループ企業に在籍していたことがあること、さらにソフトブレーンの創業者である宋の経歴などが興味深いことなども明かした。以下が、その中身だ。

――1963年6月25日、中国山東省栄成市に生まれた宋は、1985年7月中国東北大学工学部を卒業後、同年9月に中国国費留学生として来日し、翌年4月に北海道大学大学院に入学した。

1990年3月に、北海道大学大学院工学研究科博士課程を修了し、1991年3月には、博士号をも取得したものの、宋は、帰国せず、札幌市内の会社に就職。ところが、その会社がほどなく倒産してしまったため、自身が大学時代に開発した土木解析ソフトの販売を始めた。

この解析ソフトは、当時、スーパーコンピューターを使用して行われていた解析作業をパソコンでできるように改良したもので、ゼネコンなどにニーズがあり、結構、売れた。その資金をもとに、1992年6月、宋は、札幌市内にソフトブレーン社を設立し、営業を支援するソフトの開発やコンサルティング業務の事業化に乗り出したのだった。

そんななか開発されたソフトが「プロセスマネジメント」と呼ばれるもので、同社はこの営業支援ソフトで急成長を遂げ、2000年12月には東証マザーズに上場するに至った。

かくして宋は、成人後に来日した外国人として初の上場を果たした人物として注目を集めたが、同社も躍進した。2004年6月に東証二部、2005年6月には東証一部へと昇格したのだった。

宋は、「創業者はいつまでも経営すべきではない」「経営者の流動性は必要だ」として、東証一部上場を機に、代表権を譲り取締役会長に退き、翌2006年8月には、取締役からも退いて引退。その後、中国に帰国したのだった。

帰国前には、事業以外のことでマスコミの注目も浴びた。2013年2月17日、日本テレビの番組「真相報道―バンキシャ！」にコメンテーターとしてゲスト出演した際のことだった。

その2日前、ロシア・チェリャビンスク州で発生した隕石落下のニュースを番組が伝えるなか、「尖閣に落ちて島がなくなれば、領土問題がなくなり、日中友好に戻れる」といった趣旨の発言をしたのである。およそ20分後、同番組の女性アナウンサーが「スタジオで不適切な発言がありました」と謝罪したが、宋は、納得せず、自身のメルマガで抗議したのだった――。

「物事、どこかできっかけというものがある。でなければ、中国人の定住工作などにやすやすとかかわるはずがない。代表者がソフトブレーンのグループ会社に入ったのは宋が身を引いたあとだが、それでも、そこで中国との関係を持ったとみられる。

なお、IT企業の事業内容はソフトブレーンに似ている」

公安関係者は、そんなコメントをしたのち、話を戻した。

「留学生の定住工作にかかわる代表と頻繁にコンタクトしている中国大使館関係者が、買収企業の代表者とも定期的に接触していたわけだ。

つまり、両代表者は、同一の工作担当官の管理下にある。実は買収企業の代表者は、日本に帰化した中国人であり、いまや日本人となっているため、日本人であるＩＴ企業の代表者と同じ系統に配置された、とわれわれはみている」

日本国内で暗躍している工作担当官は、ほかにも確認されている。そうして、日本社会の隅々にまで手を伸ばしているというのだ。

こうした中国工作員らの暗躍の最中、先に登場した田が、またもや動き出した。

中国に現地法人を持つ建設会社を使って……日本全国の技術者「盗聴計画」

「日本国内で活動している中国のエージェントのひとりである田が、また大それた工作に着手した。自分のコントロール下にある建設会社を利用して、日本の建設業界における中国の影響力を大幅に高めようというものだ」

公安関係者が、そう明かした。２０２２年7月のことだ。

田は、表上、投資会社代表の顔を持つが、建設会社の顧問なども務め、同社の中国での事業をアシストするなどしている。

一方、建設会社は、こうした田との緊密な関係から中国のエージェント企業とされており、田は、中国本国からの指示を伝えるハンドラー役（管理官）であるとみられている。

田指揮のもと、この建設会社が熊本に進出する世界最大の半導体受託製造企業・ＴＳＭＣをターゲットに、そこで働く技術者らをマークし、その言動をはじめ保有する機密を詐取すべく、盗聴設備などを付加した社員向けの住宅建設計画を進めていたのは、前述のとおりだ。

その会社を、田は、さらに別の工作で活用すべく動き出したというのである。

工作の中身について、公安関係者が語る。

「田が目を付けたのは大手建設グループ。その中核企業を介して、同グループに入り込もうという計画だ。

具体的に言えば、建設会社をグループ入りさせるべく、中核企業に接触。まず同社から建設会社に出資させ、それをきっかけに事業提携へと踏み出し、ゆくゆくはグループの一員になろうというものだ」

しかし、そう簡単にいくものか。大手建設グループは、東証プライムに上場しており、建設会社とは、あまりに規模が違い過ぎる。出資はともあれグループ入りには無理があるように見えるのだが……。

「実は、大手建設グループも建設会社も、中国と水面下で手を結んでいる暴力団と深い関係にある。田は、そこに目を付けた」

同関係者は、そう言って、解説を始めた。

「中国と手を結んでいるのは、六代目山口組の有力組織だ。住宅やマンションなどの建設には昔から暴力団がからんできたが、いまもその構図は変わらず、山口組が六代目に代替わりしたのちには、この組織がその利権を一手に押さえた。大手建設グループも、そのうちの1社だ。また、建設会社は、同組織とさらに深い関係にある。両者を取り持ったのは、実は親中派のドンたる自民党の二階の大学の同窓である政治コンサル。この人物は、かねて六代目山口組の大幹部と昵懇《じっこん》で、現在は有力組織の顧問のような立場にある。彼がコンサル事務所を構える赤坂のビルに六代目山口組系の企業などが複数入っているのも、そういったことを象徴している。その点からすれば、建設会社は、むしろ大手建設グループに勝っていると言える。田は、これを踏まえ、工作に着手したとみられる」

建設会社と有力組織の関係が並のものではないエピソードについても、同関係者は、言及した。

「最近、建設会社が別の企業グループの仕事を受注したが、それも有力組織のおかげだ。そもそも、同グループ代表は、やはり有力組織と近い。そうしたなか、組織経由で建設会社が営業をかけたため、代表は、社員用の住宅を発注することにしたという。

そうでなければ、傘下に建設部門なども抱えているグループが、わざわざ外部に発注するはずがない」

この企業グループの代表は、政界にも広い人脈を持っており、二階とも親交があった。建設会社は、それをも利用したとされる。要するに、中国がらみの表・裏の権力をフルに生かして仕事をものにしたというのだ。

こうしたことがある以上、建設会社は、中国の意向にはまして沿わざるを得まい、と同関係者は付言し、工作の核心に迫った。大手建設グループ入りさせようとする中国の狙いについてである。

「『大それた』と言ったと思うが、田は、TSMCのケースと同様に、全国津々浦々の社員用住宅での盗聴などを構想しているとみられる。半導体はもとより、AI（人工知能）や量子暗号などの最先端技術にかかわる企業や大学の地方進出が目立つ昨今、狙いは悪くない。というよりも、実際に実行されれば、甚大な被害が出かねない」

同関係者は、そう語り、さらに続けた。

「ただし、グループ入りしたからと言って、建設会社の言うとおりに、果たして大手建設グループが動くものか。規模からすれば、まったく無理というのが常識だろう。もっとも、先に述べたように中国の裏の力――有力組織などを利用すれば、話が違ってくる可能性がある。この点は、慎重に見ていかなければならない」

中国を中心に、中国と関係の深い政治家やその取り巻き、さらには暴力団という闇の力まで利用している建設会社。田というハンドラーのもと、この先どんなことに手を染めるのか……。

〝大それた工作〟が、またひとつ捕捉されたわけだが、その類は、これに止まらない。その事例が次々と明らかになっていく。

地震予測技術にも手を伸ばす中国の真の狙い
エージェントが東大名誉教授の取り込みに

「これは、問題じゃないのか」

2022年8月、経済安保に強い関心を寄せる永田町筋が憤った。週刊ポストの記事を見てのことだ。『MEGA地震予測チーム、気鋭の中国人研究者加入で精度向上』と題して、同月19・26日合併号に掲載されたものである。

『MEGA地震予測』とは、測量学の世界的権威である村井俊治・東大名誉教授が名誉会長を務める地震科学探査機構（JESEA）が提供している地震予測サービスのことだというが、同誌は、「今年（2022年）に入ってから、熊本地方地震（6月26日）を含めて最大震度5弱以上の地震は9回発生。そのうち8回の「時期」「場所」「規模」を直前にピンポイントで予測し、的中させているのだ」と絶賛。そのうえで、予測精度が向上したのは、2020年11月からＪＥＳＥＡに主席研究員として加わった中国人研究者・郭広猛博士のおかげだとして、村井の弁を紹介している。以下が、その中身だ。

〈現在、郭博士と日々新たな地震予測法の開発に打ち込んでいます。ピンポイント予測の元になったアイデアを考案したのも実は郭博士です。私はそれを科学的に検証し、ほかの予測法も組み合わせることで、ピンポイント予測を開発しました。今や郭博士は貴重な研究パートナーであり、私の地震予測研究の後継者でもあります〉

記事では、さらに郭のプロフィールや主席研究員となるまでのエピソード、それ以降の研究内容や卓越した能力などについて言及している。少々長くなるが、その部分を引用しておこう。

〈世界的な科学者である村井氏をして、後継者と言わしめる郭博士とは何者なのか――本人に話を聞いた。

郭博士はＪＥＳＥＡに入るまで、中国で研究者としての道を歩んでいた。生まれは河南省南陽市。貧しい地域だったという。

「私は凄腕の研究者ではありません」

郭博士はそう謙遜するが、経歴には目を見張るものがある。

子供の頃から勉強に打ち込んだ郭博士は、1994年に中国海洋大学の工学部地理学科に入学した。大学で、好きな研究で人の役に立ちたいという思いを抱くようになり、研究者の道に進むことを決意。その後、中国地質大学へと進み、2004年には中国科学院地理学研究所で地理情報システムの博士号を取得した。

中国科学院は、今年6月、国際的な総合科学誌『Nature』の世界研究機関ランキングで10年連続の1位となった、世界最高の学術機構の一つとして知られている。ちなみに2位はハーバード大学で、東京大学は14位だ。

その中国科学院で、郭博士は2006年に准教授に就任し、同年からリモートセンシング（遠隔探査）を使った森林火災予測の研究を始めた。リモートセンシングは、測量学の技術の一つであり、村井氏と同じ専門分野である。

研究者としての転機が訪れたのは、2008年のことだった。郭博士が語る。

「同年5月に中国史に刻まれる大災害となった四川大地震が起きました。死者・行方不明者数は約8万7000人。そんな悲惨な状況を見て、居ても立ってもいられず、〝今後、私は同じ自然災害でも地震を予測する研究をしなければならない〟と考えました」

郭博士は地震予測を研究すべく同年に南陽師範大学の教授へと転じた。そこでは、リモートセンシングの技術を活かし、地震発生の前に震源付近から噴出されるガスを衛星画像で解析し、地震に繋がる異常を捉える研究に打ち込んだ。

この手法が、「ピンポイント予測」の元になったのだ。だが、そんな郭博士の地震予測の研究に壁が立ちはだかった。

「リモートセンシングを使った研究は少数派で見向きもされず、期待した反響はありませんでした。それに中国では政府に予測を報告することはできても、その予測を一般に公開し、直接人民に伝えることができないんです。これでは人命を守ることはできないと思いました」（郭博士）

このまま中国で研究を続けるべきか否か――そう悩んでいた頃、リモートセンシングで世界的に著名な村井氏が日本で地震予測をしていることを知った。

「地震の多い日本なら、私の予測を直接国民に伝えることができるはずだし、同じ専門分野である村井先生も地震予測の研究をしているなら一緒にやりたい。そう思って、2018年に、村井先生に〝日本のJESEAで働きたい〟というメールを送ったんです」（同前）

郭博士から突然メールが届いた村井氏は当初、こう思ったという。

「優秀な博士を多数輩出している中国科学院出身ということでしたが、見ず知らずの人だし、中国の大学教授並みの給与はとてもじゃないけど払えないと、JESEAへの就職の申し出を断わったんです」（村井氏）

それでも、郭博士は諦めなかった。

月10万円でもいいから働きたいと頼むとともに、衛星画像で日本に地震の前兆が現われるたびに村井氏に報告した。２０１９年11月に中国・桂林で開かれた国際会議に村井氏が出席した際は、１３００㎞以上離れた河南省から村井氏に会いに行き、一緒に仕事をさせてほしいと直訴した。村井氏が述懐する。

「初対面の郭博士は、非常に人柄が温厚で好印象でしたが、やはり採用できないと断わった。しかしその後も、何度もメールが届きました。熱意に負け、研究員として招き入れることを決めました」

こうして郭博士は、２０２０年末に妻子とともに来日。ＪＥＳＥＡの主席研究員となって以降、アジア全域の衛星画像データを毎日解析し、村井氏とともに新規予測法の開発に勤《いそ》しんでいる。村井氏が語る。

「郭博士は、衛星画像データの解析だけではなく、予測の精度を高めるための斬新なアイデアを次々と提案してくれています。長年、私は研究者として歩んできましたが、そのなかでも裸で議論をできる人はなかなか現われませんでした。

郭博士は本音で議論できる稀有な存在です。30以上の歳の違いなんて関係ない。対等な研究パートナーです。この研究コンビなら、さらに新しい予測法を開発できる」〉

これらを前提に、先の永田町筋は、こんな問題点を指摘した。

「郭なる学者が衛星画像データに触れているということは、それが中国にわたっているということ。由々しきことだ。郭は、こうした情報を狙って放たれた中国のエージェントではないか」

中国には国民に情報提供を義務付ける国家情報法があるため、郭が手にした情報は求められれば、あまねく報告されることは間違いない。だが、2020年の時点では、すでに中国の衛星技術は日本に勝っており、画像データも豊富というのが実際のところだ。とすると、彼の真の狙いは、何なのか。また、そもそも永田町筋が懸念するような存在なのか——。

これらについて取材を重ねると、郭について、かねて警視庁公安部がマークしていたことが判明した。

同部の関係者は、こう証言したのである。

「郭は、来日以来、公安部がチェックしている人物だ。そうしたなか、数々の問題が明らかになっている。もっともわかりやすい事例のひとつは、日本でゲームソフトを介して個人情報をハッキングしている有力エージェントと妻同士が昵懇だ。

で、奴の狙いだが、衛星の画像データではなく、村井らが有している地殻変動についての精緻な解析方法とみられている。中国は現在、宇宙開発に注力しているが、それに転用するのが目的ではないか」

郭は、覇権主義が著しい中国の国家的な関心事・宇宙開発にかかわる重要なエージェントではないか、と言うのである。これについて、当の地震科学探査機構（JESEA）は、そのような事実はないと否定するが、確かに、もしそういった立場にあるとすれば、こんなふうに表に顔を出すことはないのではないか。

とはいえ、郭にかかわる「数々の問題」が気になる。また、前述の国家情報法。これがある以上、本国に求められれば、研究内容を伝えざるを得まい。とすると、地震や地殻変動に関する日本の精緻な解析技術が中国の手にということに……。

一見、諜報対象には見えない地震の解析技術。だが、そうではなかった。宇宙開発に貪欲な野望を秘める中国にとっては、垂涎《すいぜん》の情報なのである。公安当局は、そこに焦点を当て、工作の気配を看破した。予想外の技術が諜報対象になったという意味で、これも〝大それた工作〟と言えそうだ。

次は、やけに手が込んだ工作。以下、膨大な国民を抱える中国の食料確保にかかわるケースを紹介しよう。

食糧の安全保障を本格化させる中国
東大発「種苗ゲノム研究」に触手

同じく8月、中国では黒土保護法なる法律が施行された。

世界三大黒土のひとつとされる中国東北地区の肥沃《ひよく》な黒土地帯を保全すると同時に、食の安全保障を図るためのものだ。

背景には、黒土の流出や疲弊により、利用できる黒土が急激に減りつつあるという事情があった。このまま行くと食料生産に深刻な問題が生じる懸念が習主席を突き動かしたという。

政府関係者が語る。

「2021年春、黒竜江省で希少化する黒土を盗み出す、いわゆる『土泥棒』が発生したが、中国の黒土地帯の衰退は、それほど深刻なわけであり、政府の対応は、むしろ遅いくらいと言える。だが、代わりに、かなり本気で食糧安保にテコ入れしていく方針のようだ。全中国の耕地を視野に法整備しようという話も出ているし、その一方で技術革新に奔走しているという話も聞く」

食糧の安全保障に向けて本腰を入れ始めたというのである。

そうしたなか、公安関係者が、中国の諜報工作にかかわる最近の懸案のひとつとして、次のような事例を上げた。

「東京大学大学院農学生命科学研究科の種苗のゲノム（遺伝子情報）研究を含む最新技術が、食糧安保に注力しはじめた中国に狙われている。やせた土地でも収穫が期待できるイネの開発などがターゲットとみられる」

同研究科と言えば、中国からの留学生が多いことで知られている。2019年11月時点での留学生データによると、留学生の総数は380名。これには学部生も含まれているものの、その割合はわずかであり、90%以上が研究科に属している。そして、そのうち65%が中国からの留学生だ。つまり、220人以上もの中国人留学生がいるわけである。しかも、留学生は、毎年のように訪れる。結果、これまでの受け入れ総数は、膨大な数に膨れ上がり、中国との交流も年々、深まってきている。

そうしたことが背景にあるとみられるが、コロナ禍の2020年6月、その同窓会「中国留日同学総会」から研究科にマスクが寄贈されるといった友好的な交流も確認されている。

もっとも、この会は要注意だ。当時、ホームページでは、《日本に留学する学生の中核グループとして、日本に留学するすべての学生にとって共通の心の拠り所であり、起業家精神と国への奉仕のための幅広いプラットフォームであり、中国と日本の人々の間の友情のための強固な架け橋です》と謳いながらも、実際は統一戦線工作部などの指導下にあり、《中国に奉仕する留学生の形を作りました》と公言していたのである。

ちなみに、この時点での留学生の数は相当なものだ。東大の2000人以上をはじめ京大には1500人、そのほかの主要国立大学にも軒並み1000人以上の中国人留学生が在籍していた。同会は、これらの1万人にも及ぶ留学生らを網羅しているとみられた。

要するに、中国政府の手足となるよう指導されている巨大組織ということだ。中国は、先にも述べたとおり、2017年6月に全国民に情報提供を義務付けた国家情報法を施行しているが、それと相まって、ますますこの組織への期待とプレッシャーが高まってきているとされているのである。

それゆえ、公安関係者の指摘も、これにかかわるものかと思われたが、実はそうではなかった。キーパーソンは日本人だったのである。

同関係者が明かす。

「先兵となっているのは、高島健（仮名）とその妻だ。密かに中国から資金提供を受け、技術流出を図っている」

調べてみると、高島は、東大大学院農学生命科学研究科において研究チームを率いていたことが判明した。

先の公安関係者が続ける。

「詐欺師のようなろくでもない奴だ。だから中国が付け込んだのだろうが、問題は、いまだ東大大学院に関係していることだ。見え見えの留学生を利用した工作よりも発覚の危険性が低く、また、研究者から疑われる可能性も低いため、収集できる情報も、はるかに多いとみられている。

それと、中国は土壌汚染が深刻で、それによる穀物等の収穫減を防ぐことがやはり危急の課題となっているが、同大大学院には、それにかかわる最新技術もある。中国の指令を受けた高島は、ゲノム技術のほかに、こうしたものの入手にも奔走している。これまた問題だ」

それにしても、中国は、こうした人物をどうやって見出し、接近したのだろうか。その点を質《ただ》すと、こんな答えが返ってきた。

「食糧にかかわる最先端技術について中国は、農水省ではなく、自民党に知恵を請うた。窓口は親中派の大物。と、こいつは、自分と近い経営コンサルタントにつないだ。で、コンサルが資金援助を餌に高島にアプローチ。関係を作ったうえで中国に紹介したわけだ。現在、香港の銀行経由で中国の資金が高島に流れ、工作資金にもなっている」

同関係者は、こう付言した。

「このままだと食糧の安定確保を目的に、ゲノム研究など最新の技術を窃取すべく秘密工作を積極的に展開している中国のなすがままになりかねない。何とか対策を講じたい」

食の安全保障にかける中国の野望に、公安当局は、対峙している。

多数の中国人留学生をよそに、あれこれ手を回して日本人研究者を籠絡したとされる中国。今度は、日本らしいきめ細やかさが光る技術に、その触手を伸ばした――。

日本の運搬技術がミサイルに……北朝鮮にも供与

次々とミサイルを発射する北朝鮮だが、これに日本が深く関係していることが新たに判明した。

２０２２年末、米情報当局から日本の警察当局に、こんな警告が入ったというのである。警察筋が語る。

「特殊技術を持つ日本の企業が、また中国の餌食になっている。問題は、この技術がミサイル関連のものであることだ。しかも、これについては北朝鮮も手を伸ばしている。というか、そもそも、この企業からの技術供与が確認されたきっかけが、北朝鮮のミサイル発射だった。近年、北朝鮮は、ミサイルを移動のうえ発射するという機動性を見せていたため、その詳細を探ってみたところ、運搬にかかわる特殊技術を持つこの企業が浮上した次第だ。

そして、このことが中国に対する分析にも貢献した。ミサイルの移動と言えば、北朝鮮に限ったことではなく、各国が行っていることだが、では中国はどのようにして行っているか、と探ってみると、同じ技術であることが判明した」

同筋によると、米国は、以下のような警告も発したという。

「この企業には、警察幹部ＯＢが顧問として天下っているようだが、警備公安情報が漏れることのないようしっかりとやってもらいたい」

さらに、警察の天下りについて、今後はどのような企業であるかもきちっと調べたうえで行うよう要請したともいう。規制する側の問題点をも指摘したわけである。

問題の企業は、いくつもの点からマークされていたということだが、重量物の運搬などを主に機械設備の設置などの事業を展開している。調べてみると、実績が豊富であり、技術力にも定評があること、また、問題視されているOBは、高位の幹部であったことなども確認できた。

「盲点だった。われわれのチェック対象から漏れていた。今後、どんな人脈を通じて、どういった経緯で技術供与に至ったのか、調べ上げていく。米側は、警告と同時に、その要請も行っているため、早急にと努めている」

警察筋は、そんな実情も明かした。

直近の捜査では、同社の代表が、自衛隊にPCR検査キットを納入するなかで隊員の情報を窃取していた中国系医療機関の中国人医師らと連絡を取り合っていることが確認されたという。

中国の工作ネットワークが、まさに網の目のように日本を侵食している証左のひとつと言える側面をも有する工作事例だが、中国は、廃棄物処理会社や産業機器メーカー、果てはペットショップまでも、そのネットワーク下に入れていた。

環境問題が深刻な中国
廃棄物処理技術にも……

2023年4月、日本の廃棄物処理会社が中国に狙われていることが明らかになった。

公安関係者が語る。

「中国は、環境問題にも関心を高めているようで、近年、廃棄物処理の分野での水面下の動きが活発になってきている。背景には、首都・北京の深刻な大気汚染をはじめとした国内の環境悪化があるとみられるが、かなり強引だ。あわよくば企業の買収、できなければ最先端技術の窃取をと目論み、さまざまな工作を仕掛けている」

ターゲットとなっている会社も判明している、と言って、同関係者は続けた。

「西日本に本社を置く、さる会社に焦点を絞っている。数々の特許と最先端技術を誇る企業だ。経営者の身辺などにも迫っているとみられる」

調べてみると、確かに優れた企業であることがわかった。取引先も多い。

「ぜひとも守らねばならない」

同関係者は、そう言うのだが……。

全国展開のペットショップが中国工作員の資金源に

翌5月には、警察の捜査で、ペットショップが中国の対日工作にかかわっていることが発覚した。

公安関係者が、こう明かす。

「全国展開しているペットショップの運営企業が最近、捜査線上にのぼった」

この会社は、日本各地でペットショップを運営し、人気が高く、結構な年商を上げているが……。

「ペットショップと言うと、動物愛護にかかわっていそうないいイメージがあるが、実は創業者には裏の顔があった」

同関係者は、そう言って続けた。

「この会社の創業前、警察に逮捕されているのだが、調書には暴走族出身の暴力団関係者と明記されていた。正確に言えば、六代目山口組の中核組織の準構成員だ。

この件で創業者は、裁判で有罪となり、しばらく服役することになったが、その間、別の人物に会社を立ち上げさせ、運営させていた。ペットはカネになると思ってのこととみられている。有力な暴力団は、それぞれペット業界に進出しているが、その流れに乗ったとみられる。

で、そこに中国も目を付けた。暴力団がかかわる、すなわち不透明なカネが流れる業界であれば、中国の資金を流すのに好都合だからだ。中核組織とつながりのある中国の工作員が創業者に接触し、関係を結んだ。

現在、中国は、在日の中国人ブリーダー（繁殖業者）300人余りと同社を結び付け、取引がある形を装い、同社を使ってカネを流している。それらは、工作員の活動資金になっている」

ペットショップが中国のマネーロンダリング（資金洗浄）の隠れ蓑になっているというのだが、この問題は、さらなる広がりを見せているともいう。

日本を支える有力メーカーの技術情報が取引企業を経由して中国に

「有力産業機器メーカーにシステムなどを納入している会社に米国は、目を付けている。中国が資金提供をしているからだ」

公安関係者は、そう明かした。ペットショップの件が発覚した2か月後、2023年7月のことだ。

事業の中身は、産業機器メーカー向けの製品やシステムなどの提供だ。

同社によれば、数多くの国内大手企業と取引があるという。換言すれば、日本を支える主要な産業機器メーカーに製品なり、システムなりを販売しているということである。

同関係者が語る。

「いまは取引先メーカーの情報を中国に漏らしている段階のようだ。これを参考に、中国は、具体的な窃取工作を立案し、実行に移すとみられる。社内向けシステムまで納入しているというのだから、問題は深刻だ」

中国の技術窃取工作の意外な一面
研究機関や先端企業の廃棄物に焦点！

日本の技術を盗むと言うと、工作員を送り込んだり、機密データをハッキングしたりしてと思いがちだ。だが、中国の場合、これらに加えて、技術者を買収したり、ハニートラップに掛けたり……と、その手法が多岐にわたっていることは知られていたものの、今回、意外なことが新たに判明した。

公安関係者が語った。同年同月のことだ。

「研究機関や先端企業の廃棄物を手に入れ、それを解析するようなことを始めた。現時点で最大のターゲットになっているのがノーベル賞受賞者らをも輩出している研究機関・理化学研究所。とくに人体にかかわる生命科学については垂涎の的となっている。また、大学や医薬品、バイオ関連企業にも触手を伸ばしていることも確認された」

同関係者によれば、こうした工作は日本の産廃企業を介して行われているとのことだが、だとすると、中国は、その企業を支配下に置いていることになる。いったい、どんな経緯で、そこに至ったのか。

その点を質すと、こんな答えが返ってきた。

「中国の政府中枢と太いパイプを持つ元国会議員が暗躍し、関西の複数の人物をまとめ上げ、中国に協力させるよう段取りをした。理化学研究所の大阪や兵庫の拠点に焦点を当てているためだが、同時に、この地域の大学や医薬品企業などもカバーしている」

調べてみると、理化学研究所は大阪に「生命機能科学研究センター」を、また兵庫には「生命機能科学研究センター」に加えて「放射光科学研究センター」を置いていることがわかった。「放射光科学研究センター」では大型放射光施設「ＳＰｒ・ｉｎｇ－８」の運用や最先端の高エネルギー光科学の研究などが行われている。

中国の狙いは、これらの研究機関から排出されるゴミを解析することで、研究の中身に迫ろうというものだという。

日米を股に掛けた工作ネットワークの存在も、同年末、警視庁公安部の捜査で浮かび上がった。

中国共産党系企業や大使館ばかりかＣＩＡがマークしていた日本人も関与

日本のあちこちで中国の工作員が跋扈している最中、常日頃は相手方に気取られぬよう身を潜め、情報収集や監視業務に専心している警視庁公安部が、ついにそのベールを脱ぎ捨て、中国と対峙する姿勢を公然と示した。

戦いの火蓋が切られたのは、師走に入ったばかりの2023年12月初旬。公安部は、ある人物を逮捕したのだ。

逮捕されたのは、国内の大手自動車会社に勤務する中国人・張天文。容疑は、不正競争防止法違反。張は、自動車会社に就職する以前に、電子部品大手のアルプスアルパインに勤務していたが、2021年11月、会社のサーバー（データ管理などをしているコンピュータ）からデータファイルを社用パソコンに転送し、そののち、自分のハードディスク（外部記憶装置）にコピーする形で、自動車向けの電子部品の設計に関するデータを不正に取得したとされる。アルプスアルパインが警視庁に被害を相談し、事件が発覚したという。

一見、転職のための違法行為、あるいは金銭目的の経済事件であるかに見える。中国政府も、あたかもごく普通の刑事事件であるかのように、「日本側が中国国民の合法的権益を保護するよう希望する」と述べてもいる。

だが――。

「中国の工作は目に余る。これは緒戦だ」

さる公安関係者は、そう明かした。

「これまで泳がせてきた。背後関係などを洗うためだ」

とも言う。

その結果、かなりの規模の工作ネットワークの存在が明らかになったのだという。それを踏まえ、臨戦態勢に入りかけた頃、奇しくも米国からの通報があったことにも言及した。

「米国からＥＶ（電気自動車）を中心に自動車関連の技術の窃取を目的に、日本法人を置く中国企業があるとの連絡があった。中国政府の指導下、電子部品製造をはじめ、数々の事業を展開している大手企業の子会社のことだが、これに付随して、この子会社の代表取締役が、かねてＣＩＡ（米中央情報局。対外諜報機関）、ＦＢＩ（米連邦捜査局。国内捜査・諜報機関）が中国のエージェントとしてマークしていた日本人ＩＴエンジニアの工藤茂樹（仮名）と緊密に連絡を取り合っていることも伝えてきた。

さらに、工藤が米国の永住権を得ていて、カリフォルニアのシリコンバレーで働いていたこと、最近、日本にも拠点を設けて活動し始めたこと、また、工藤が使用している携帯電話の番号などについての情報も開示してきた」

公安関係者は、このことが今回の立件にどう関係したか明確には説明しなかったが、その後の動きからすると、最終的に公安部の背を押すことになったと見るのが妥当のようだ。

それというのも、公安部は、工藤についてこそ把握していなかった可能性はあるが、そのほかの関係者についてはすべてわかっていた節があるからだ。実は米国が伝えてきた携帯電話の名義人は野口利美（仮名）という女性で、張が頻繁に連絡を取っていた先のひとりであったため、すでに公安部は、野口の存在をつかんでいたのだった。

「この女性は、中国大使館や、中国軍系企業とされるファーウェイに勤務したことのある経歴の人物で、現在は中国のエージェントとして活動。車関連のIT技術や特許の窃取、また、それらについての知識や技術を有する人材のヘッドハンティングなどの工作が任務だ。そうした任務柄、米国が警鐘を鳴らした中国企業の日本法人ともコンタクトがあった」

米国からの通報を踏まえ、公安関係者は、そんなことを明かしたのである。また、日本法人についても、こう述べている。

「その会社は、中国の政府協商会議の指令や在日大使館のバックアップのもと、最新のEV技術の窃取の目的で、すでに技術に優れる日本企業4社を買収し、傘下に収めている。また、買収専門の別会社を設けてもいる」

つまり、公安部は、張を泳がせておくことで、野口という工作員の存在、野口と関係のある中国系企業の活動ぶり、そして、中国系企業の背後に中国政府や大使館が控えていることなどを把握していたのである。そこに、新たに米国のシリコンバレーで暗躍し、CIAにもマークされていたIT専門のエージェントが加わったことが判明し、ついに事件に着手したということなのではないか。

「野口は、工藤の協力者であるだけでなく、同棲相手でもある」

公安関係者は、スパイ映画を地で行くかのようなエピソードをも明かしたが、これが示すのは、現在は工藤についても十分にトレース済みということだ。

換言すれば、米国の通報以上に、日本を舞台にしたEV技術窃取工作の一大ネットワークに通じているということである。その証拠に、公安関係者は、こんなことも口にした。

「このネットワークの中心は関東だが、名古屋エリアには名古屋総領事館の指揮のもと、トヨタをターゲットとしたEV工作チームがある。複数の企業や関係者によって構成されているが、主要メンバーは、こちらは在日韓国人らだ。最近、中国人自身が動くのを避けている証左のひとつとしてとらえているが、このなかに関東の孔子学院（教育・文化機関を装った工作組織。工作拠点としても機能）に出入りしている者もいる。とすれば、目的が同じである以上、関東との連携は言わずもがなだ」

ネットワークは、米国を巻き込んだばかりか、さらに広がりつつあるようだ。

いま記したように、世界企業・トヨタへの工作も着々と進められていたわけだが、その詳細が明かされたのは、翌2024年5月のことだった。

トヨタのEV技術を狙う中国「名古屋総領事館がフル稼働」「政治家も関与」

公安関係者が語る。

「つい先頃、トヨタのEV技術を狙っての中国による工作のおおよそが判明した。トラックの売買や輸出入などを手掛ける会社の代表がトヨタのEV関連の部品情報を集めているのだが、指揮を執っているのは名古屋総領事館の楊嫻総領事。

そのサポートをしているのが情報機関・国家安全部の第三局から領事館に出向してきている者と、中国教育部からの出向者だ。

前者は、政治経済情報および科学技術情報の収集に特化している部門の情報員であることから役割は自明だが、後者については、日本への留学生でトヨタに関係している者たち——とりわけトヨタ東京自動車大学校への留学生から情報を吸い上げ、本国に報告するとともに、代表に提供する形で、そのスパイ活動をバックアップしているとみられる」

同関係者は、さらに捜査を進めていく、としたが、しばらくして、この発言から代表のさらなる協力者が確認されたことを明らかにした。

「名古屋にある人材派遣会社の経営者が代表と手を組んで、トヨタに人材派遣などをしている。また、代表の息子が都内を拠点に活動していることもわかった。こいつは、愛知朝鮮中高級学校からAO入試で慶応に入り、卒業後は上場企業に就職したが、この間、桜美林大学にある孔子学院に出入りしていた。で、いまは父親の下で働いている。中国にも何度も足を運んでいるようだ。

ちなみに、この父子は、住民登録では在日韓国人となっているが、近年ままみられる中国の『外国人エージェント』の範疇に入る面々とみられる。それと、経営者は、日本人男性が中国人女性に産ませた息子を、成人後に引き取り、日本人として戸籍に入れたという経歴の人物。

中国とのつながりを見えにくくしているという点では、父子と似たような位置づけと言える」

同関係者によれば、こうしたカモフラージュをした工作員らに、有力な政治人脈があることも判明したという。こう続けた。

「元職を含め、有力な政治家がかかわって日中の人材交流などを推進する団体が代表らに関係している。ひとつは、国家公安委員長を務めた政治家が関与している団体で、中国から多大な資金提供を受けている。もうひとつが、親中派の大物議員がかかわっている団体。後ろ盾は、中国の外交部門トップを務める王毅だ。代表らは、これらの団体に加盟している」

一連の証言から見えてくるのは、名古屋総領事館が現場でフル稼働し、中国本国の外交トップが日本の有力政治家を利用しつつ、背後からサポートし、トヨタ包囲網を構築しようとしている構図だ。世界のトヨタは、どう防御するのか――。


やや時間は戻るが、中国の新たな潜入工作員事情にも触れておきたい。

企業に潜入する中国の「外国人工作員」

2024年2月、中国の工作の在り方の変化について、公安関係者は、こんなことを語った。

「ずばり中国人であるとすぐに怪しまれるので、最近、中国は、外国人を工作員に仕立てている。そうしたなかで、注目されているのが韓国人とスリランカ人だ。

それぞれ在日の大使館の情報員同士で連絡を取り合って、工作員候補を選んでいる。韓国やスリランカの大使館側が留学や就労で日本にいる者たち、あるいはその候補者のなかから有望株を選定して、中国大使館側に知らせると、中国側が巧妙にアクセスして工作員に仕立てていくという流れだ。

韓国人については、かねて中国との連携が指摘されていたが、スリランカ人は目新しい」

スリランカと中国と言えば、近年、とみに関係が深い。中国から多額の資金援助を受けていることや、港湾施設などを中国に貸与していることで知られている。

もっとも、「中国の罠にはまった」との見方もある。「国内のインフラ整備のために中国からふんだんに融資を受けたが、借金が膨らみ、返済不能になった結果、施設や土地を中国に明け渡さざるを得なくなった被害国だ」というものだ。

真相はさておき、中国との連携は、いまや工作員の人材にまで及んでいるというのである。

ごく最近の事例を挙げれば、スリランカの元大使館員として日本に駐在したことのあるアニール・バンドラ（仮名）なる人物が中国の工作員として浮上した。

駐在後に再来日したバンドラは、東京都内に貿易会社を設立するかたわら、飲食店も経営していた。と、そこにスリランカ大使館員ばかりか中国大使館員も頻繁に顔を出していたことに加えて、大手ＩＴ企業に勤務するスリランカ人や中国人、さらには日本人らの出入りが確認されていたという。

公安関係者が続ける。

「貿易会社は、中国の資金で運営されており、日本国内での工作資金の運用も行っている。その意味でも、バンドラは、中国にとって重要な工作を行っていたわけだが、それよりも重きが置かれていたのが、技術に優れるIT企業への潜入工作だ。何人ものスリランカ人をグーグルやアマゾンの日本法人をはじめ、いくつもの企業に入社させている」

ちなみに、アシスト役は、ANAのキャビン・アテンダントだった日本人女性。キャビン・アテンダントを辞めたいまなお海外に出ることが多く、スリランカにも頻繁に訪れているという。IT企業への潜入工作員候補者とのコンタクトなどが目的とみられている。

また、スリランカ人の日本潜入工作については、別の有力な人物が捜査線上に浮かんでいるという。

同関係者は、こんな事例に言及した。

「スリランカ人を数多く雇っている警備会社が問題視されている。中国人よりは怪しまれることが少なく、企業に派遣されてもあまり抵抗がないのをいいことに、中国がターゲット視しているIT企業などに送り込み、ハッキング機器を仕掛けさせたり、社内情報を窃取させたりしている。あまりにもひどいので、警告の意味で別件で代表者を逮捕したことがある」

調べてみると、この人物が元国会議員の関係者であることがわかった。換言すれば、中国の

「外国人工作員」のリクルートに元国会議員も関係があるということだ。

中国の手が日本の政治家の数々に伸びているのは周知のことだが、それにしても、こんな形で情報工作にかかわっていようとは……。

こうなると、中国人以外の外国人もフリーパスしているわけにはいかない。そんな時代がやってきたようだ。


ところで、中国の「外国人工作員」と言えば、やはり北朝鮮が主軸である。日本国内外のあれこれの工作で中国と連携、あるいは中国のアシストをしていたことが確認されている。また、在日韓国人のベールのもと、活動している工作員も数多い。

そして、これが、さらなる広がりを見せている。日本の事情に通じるこれらの工作員が日本人をリクルートしているためだ。結果、大手を振ってどこにでも入り込める工作員が育成され、このネットワークは日々、拡充されている。日本人だけに、工作による被害も甚大だ。

実際、特筆すべき工作事例も発覚している。世間の耳目を集めたものもある。一例を挙げておきたい。

教科書検定者の名前が「北朝鮮のスパイリスト」に背後には中国の影

北朝鮮と韓国の関係悪化が日本に飛び火し、意外な事実を浮かび上がらせた。

２０２０年7月、公安関係者が、こんなことを口にしたのだった。

「韓国警察が捜索した脱北者団体の事務所からある文書が出てきた。そこに日本人の名前が記載されていた」

事の発端は、韓国・ソウルにある脱北者団体「自由北朝鮮運動連合」が北朝鮮を批判するビラを散布したことであった。同団体は、２００３年以降、毎年のように何百万枚ものビラを大型風船に吊るして北朝鮮に飛ばし、これまで数々の物議を醸してきた。２０１１年には、同団体の活動家のひとりを北朝鮮の工作員が暗殺しようとする事件が発生した。この際、工作員が所持していたもののなかに、毒針が仕込まれたペンや弾丸を発射できるペンといったスパイ映画のような暗殺道具が発見されたことが話題を呼んだ。また、２０１４年の銃撃戦も記憶に残る。北朝鮮軍が機関銃で風船を掃射したところ、その銃弾が韓国領土に飛び込んでしまったため、韓国軍が応射し、銃撃戦に発展したのだった。

それぞれ深刻な事態であったが、２０２０年には、北朝鮮がさらにエスカレート。5月31日にビラがまかれるや、韓国政府を非難のうえ、6月16日に両国の交流・融和の象徴であった南北共同連絡事務所を爆破したのだった。

こうしたなか、韓国は「自由北朝鮮運動連合」のビラまきを抑制するべく、南北交流協力法などに違反した容疑で、同団体の強制捜査に乗り出したのである。

公安関係者が続ける。

「捜索で押収したもののなかから、『北朝鮮のスパイリスト』とみられるものが出てきた。中身は学識者や文化人、実業家などとして一般人に紛れて活動している、いわゆる『アンダーカバー（身分を仮装した工作員）』のリスト。それぞれの活動を調べてみると、慰安婦問題や徴用工問題などをこじらせ、日韓を分断させるよう世論を導く工作や、韓国世論を対北朝鮮融和に向けさせる工作、あるいは脱北者支援を止めさせる工作といったものにかかわってきたことがわかった。

北朝鮮を敵視する『自由北朝鮮運動連合』は、敵の工作員を洗い出し、その動向をも探っていたとみられるが、そこに韓国の情報当局も把握していなかった人物も含まれていたため、物議を醸した。事を重大視した情報当局は、米国のカウンターパートであるＣＩＡに情報を提供。関連の情報も求めた。

日本にはＣＩＡ経由で、その中身が伝えられた。同盟国へのフレンドリー情報（友好的関係に基づき提供される情報）のひとつではあったが、それ以外の目的もあった。というのも、リストには前述のとおり、日本人の名前があったからだ。学識者であることも明記されていた。ＣＩＡは、その人物が学者の仮装のもと、どんな活動をしていたのか情報を求めた」

同関係者によると、リストに登場していたのは中田史郎（仮名）。筑波大学（旧東京教育大学）を卒業後、同大学助手を経て、韓国・霊山大学の講師に就任したという。この時、韓国内で活動している北朝鮮の工作員にリクルートされたとされる。

その後、中田は、日本に戻り、別の大学の講師になった。中国流の共産主義・毛沢東思想を称揚する著作がある学者だという。

毛沢東思想の著者が『新しい歴史教科書』の不合格選定に携わる

公安関係者は、さらに続けた。

「調べてみると、中田が文部科学省の教科書調査官として2021年度から中学校で使われる歴史の教科書の検定にかかわっていたことが判明したため、この件は情報関係者の間で、なおのこと注目されるようになった。とくに保守的な教科書とされる『新しい歴史教科書をつくる会』の『新しい歴史教科書』（自由社）が不合格とされ、同会が反発を強め、中田を含む教科書調査官を厳しく批判している折、おざなりにできない状況だった」

『新しい歴史教科書』が不合格であることが明らかになったのは2019年11月5日。文部科学省から「検定審査不合格となるべき理由書」を交付され、教科書調査官からの説明も受けた。

これに対し、『新しい歴史教科書をつくる会』は同月25日に反論書を提出したが、文部科学省は反論を容れず、12月25日、改めて「検定審査不合格となるべき理由書」を突き付けた。納得のいかない同会は、翌2020年2月に〈文科省の教科書不正検定を告発する――『新しい歴史教科書』（自由社）はなぜ不合格にされたのか〉と題した緊急記者会見を開いたのを皮切りに、抗議活動を展開した。

「『新しい歴史教科書をつくる会』はその後、天皇や聖徳太子らにかかわる表現についての文部科学省の指摘などをまとめた本を出すなどして、おかしいと批判し続けたものの、読んでもあまりピンとこない。的外れのものも少なくないわけだが、ほかの検定のケースを見てみると、なるほどと思わせるものがあった」

公安関係者は、そう語り、この教科書検定で合格した教科書のなかに認められた以下のような事例に言及した。

まずは慰安婦問題。山川出版が「戦地に設けられた『慰安施設』には、朝鮮・中国・フィリピンなどから女性が集められた（いわゆる従軍慰安婦）」と記述しているというのである。

それから、南京大虐殺。東京書籍は、「首都の南京を占領し、その過程で、女性や子どもなど一般の人々や捕虜をふくむ多数の中国人を殺害しました」と記し、教育出版は、「占領した首都の南京では、捕虜や住民を巻き込んで多数の死傷者を出しました」としている。

また、学び舎の教科書は、「国際法に反して大量の捕虜を殺害し、老人・女性・子どもをふくむ多数の市民を暴行・殺害しました」としたうえ、中国人少女のこんな証言を取り上げていた。

〈昼近くに銃剣を持った日本兵が家に侵入してきました。逃げようとした父は撃たれ、母と乳飲み児だった妹も殺されました。祖父と祖母はピストルで、15歳と13歳だった姉は暴行されて殺されました。私と4歳の妹はこわくて泣き叫びました。銃剣で3か所刺されて、私は気を失いました。気がついたとき、妹は母を呼びながら泣いていました。家族が殺されてしまった家で、何日間も妹と二人で過ごしました〉

これらを踏まえて、公安関係者が言う。

「こうした記述を認めた調査官のなかに『北朝鮮のスパイリスト』に掲載された人物がいたとなると、検定が公正なものであったのかどうか、いきなり疑わしくなる。いや、むしろ日本を貶《おとし》めるような意図が働いたのではないかと見るのが妥当と言うべきだろう。そういった情報工作をするのがスパイなのだから」

それにしても不可解だ。いったい中田は、どのようにして、教科書調査官の座を射止めたのか。誰がどんな審査をして選抜したのだろうか。尋ねてみたが、公安関係者は、

「その部分については、米国も関心が高く、また韓国からは後日、直接の問い合わせが警察当局に入ったが、現在進行中の捜査もあるため、回答は控えた」

と言うばかり。間接的に回答を避けた。

筆者は、中田にも書面を送り、「北朝鮮のスパイリスト」に名前が記載されていたことを承知しているか否かに始まり、記載された理由や見解、教科書検定の調査官になった経緯やスパイ工作との関連などについて尋ねた。だが、中田は、「（取材は）お受けすることができません」の一点張りだった。

改めて公安関係者に話を聞くと、曖昧ながらようやく答えが返ってきた。

「中田は、日本に帰国後、別の北朝鮮の工作員グループに所属し、活動しているとみられる。そのグループは、かつてオウム事件などに関与し、日本転覆をはかったことがある。最近は沖縄の基地問題などにかかわる一方、各省庁にネットワークを築くなどしている。

今回の件は、文部科学省内のネットワークが動いたとみられており、中田は、その実行役だ。目的は日本の負の歴史、植民地や戦地での蛮行などを子どもたちに刷り込むようなことを通じて反日思想へと誘うこと。中田がやっているのは、まさにそうした情報工作だとみられる」

教科書検定の背後には、深い闇があったとするのだが、「この工作、中田のプロフィールに鍵がある」とも言うのだった。

中国流の共産主義・毛沢東思想を称揚する著作がある人物――。要するに、背後には中国というわけである。

第三章

潜入、占拠

——幼稚園、学習院、離島、老舗割烹……

中国は、大学どころか、小中高、さらには幼稚園にまで潜入している？

沖縄の離島、北海道の大地ばかりか、京都の老舗割烹にまで手を伸ばしている？

学習院にチャイナスクール？

まさか、まさか、まさか⁉

いや、それぞれ、すべて事実である。ほかの深刻な潜入事例なども含め、以下、詳しく記していく。

中国人留学生の「日本定住工作」最先端頭脳への触手

国際的な芸術教育事業を謳う「新潟国際藝術学院」およびその系列校の「佐渡国際教育学院」。ここに公安当局の強い関心が向けられていた。2021年11月のことである。

公安関係者が明かした。

「両校は、かつて世間の注目を引いたことがあったが、現在は中国から受け入れている留学生の動向について問題視されている」

いったい何が問題なのか――。

まず両校について調べてみると、こんな来歴の学校であることがわかった。

設立者は、東富有なる中国出身の水彩画家。中国・瀋陽の魯迅美術大を卒業後、1991年に新潟大大学院に留学し、1996年に日本国籍を取得した。2008年には中国からの留学生受け入れや世界的な画家の招聘《しょうへい》などを念頭に「新潟を国際美術交流の拠点にしたい」として美術の専門学校である「新潟国際藝術学院」を設立し、院長となった。

続いて、2011年、同校の研修施設として「新潟国際藝術学院佐渡研究院」を開設したが、2016年に、やはり中国からの留学生を主な対象とした日本語の専門学校へと転身させ、「佐渡国際教育学院」とした。東院長は、こちらの院長も兼務することになった。

また、世間の注目を集めたのは、「新潟国際藝術学院佐渡研究院」を開設した頃であることも判明した。この前後に中国領事館幹部ばかりか中国の要人が相次いで来訪したためだ。

2010年10月に外交部長（外務相）、国務委員（副首相級）を歴任した唐家璇が日本のメディアをシャットアウトしたうえで、佐渡を視察している。これに同行したのが、東院長だった。

さらに、翌2011年6月には同研究院の開設記念パーティーが開かれたが、そこには胡錦濤国家主席の息子で清華大学の副事務総長を務めていた胡海峰が出席。席上で「留学生2千人を佐渡へ送り込む」などと宣言したとされる。

公安関係者が続ける。

「とりわけ問題になったのは、唐家璇の極秘視察だ。佐渡には自衛隊の重要施設があるため、その思惑をめぐって緊張が走った。当時、新潟の中国総領事館が新潟市内にある万代小学校跡地の買収を計画していたことも俎上《そじょう》にのり、佐渡・新潟に中国の工作拠点を作ろうというのではないかとの見方も出た」

この件については産経新聞が「中国が佐渡島や新潟に拠点を作ると、日本海が中国の内海化する危険性がある」との防衛省幹部の談話を引きつつ、2014年に詳報している。一部を抜粋しておこう。

〈新潟県・佐渡島に中国の影がちらつく異変が起きている。航空自衛隊が誇る高性能警戒管制レーダー、通称「ガメラレーダー」があるこの島を中国要人が訪れ、中国と関係が深い男性が経営する学校法人が地元観光施設を1円で手に入れた（中略）一行の中心は中国の唐家璇元国務委員。そのほか、中国在新潟総領事館の王華総領事（当時）、新潟で絵画教室を運営する学校法人新潟国際芸術学院（新潟市中央区）の東富有理事長兼学院長、そして佐渡市の甲斐元也副市長（現市長）の姿もあった〉

なお、「新潟国際芸術学院佐渡研究院」については、こう記している。

〈佐渡島の表玄関・両津港から約3キロ。県道65号を車で10分ほど走ると、道の駅「芸能とトキの里」（佐渡市吾潟《あがた》）に着く。ところが、目立つ場所に「学校法人　新潟国際芸術学院佐渡研究院」の看板が掲げられ、レストランも土産店もない。この施設はもともと、JA佐渡と佐渡汽船グループが設立した「佐渡能楽の里」が運営していたが、観光客の減少で経営不振となり解散。絵画教室などを運営する学校法人新潟国際芸術学院（東富有理事長、新潟市中央区）が、建物部分（延べ床面積約3600平方メートル）を1円で購入した〉

だが、公安当局の関心は、防衛上の懸念とは別のところにあったようだ。

スリーパー（潜入工作員）の窓口か？

同関係者が語る。

「要するに、今風に言うなら、インバウンドを期待した佐渡や新潟の地元自治体が中国の政治中枢の威光になびいて画家を特別待遇した結果、中国人留学生を多数受け入れる窓口が出来上がったということだ。

これが何を意味するかと言えば、留学生の日本定住工作の一環ではないかということだ。中国情報機関の息がかかった者でも留学を名目に一度、日本に入ってしまえば、その後のやりようはいくらでもある。留学を機に、スリーパーとなり、日本社会にひそかに根付くのではないかと懸念された」

スリーパーとは、標的とする国に配されながらも活動はせずに長年にわたって潜伏している、いわゆる「眠りについた」エージェント、潜入工作員のことだ。いざという時に備えて敵国に植え付けられた存在である。公安当局は、両校がその窓口になるのではないかと案じていたわけである。

さて、以来、およそ10年の月日が流れたわけだが、実はこの間、公安当局の監視活動は続けられていたという。

公安関係者が、いよいよ本題に入った。

「懸念は的中した。ここに出入りする人物の動向や、学校関係者らの通信記録などの確認から、いくつかの企業が関係先として浮かび上がった。日本定住のための就職先とみられる」

そのなかでもっとも注目されたのが、先に言及した東京都内にあるＩＴ企業だった。代表者が留学生の身元保証人を引き受けているばかりか、ひそかに不動産業をも営み、留学生向けに住居を紹介していることや、中国大使館とも深い関係にあることなど、数々の問題が明らかになっている。

「中国人留学生の定住工作にかかわる者たちの動向は複雑かつ奥深い」

同関係者は、そうコメントしたが、さる政府関係者は、別の懸念を表明した。

「中国人留学生を専門に受け入れている学校法人・育英館の動向が気にかかる」

同法人は、理事長の松尾英孝が１９８５年に京都市内に京都ピアノ技術専門学校を設立したことに端を発する。その数年後、中国遼寧省にある音楽学校との交流を機に中国の学生が日本の大学等に進学するための日本語学校として関西語言学院を設立し、多数の留学生を受け入れるようになった。多い時には年に８００人近くの留学生がいたほどである。

主な進学先は、一流大学ばかりだ。東京大学、京都大学をはじめ大阪大学、名古屋大学、九州大学、東北大学、北海道大学、東京工業大学、一橋大学、さらには慶応義塾大学、早稲田大学といった有名私大が実績として掲げられているのである。

また、育英館は、ほかの専門学校や大学などにも手を広げてもいる。2013年に高知県四万十市に四万十看護学院を開設。2020年には、稚内北星学園大学の運営に参画している。同大は、2022年に育英館大学に名称を変更した。

こうした拡大の一方、別の学校法人・京都育英館を設立し、高校や大学を傘下に収めた。2013年に京都市立看護短期大学を引き継いで京都看護大学を設立。2016年には、北海道栄高等学校の運営を始め、さらに翌2017年、苫小牧駒澤大学の譲渡を受け、2021年に名称を北洋大学に変更している。かくして、一大教育グループを形成したのが、育英館なのである。

政府関係者が続ける。

「育英館には中国人理事が2人おり、中国共産党員であることが確認された。言うなれば、中国共産党の傘下にあるようなものだ。そうした学校グループが、一流大学への進学を通じて、同じ大学の大学院への進学を後ろ押しし、最先端技術などへのアクセスを可能にしているわけで、大いに懸念すべきことだ」

同関係者は、理事を務める中国共産党員のひとりが中国の看護学校など医療関係とつながりが深いことも案じた。看護学校や看護大学を経由して、日本の医療現場の奥深くまで中国の工作員が浸透するようになってしまうのではないかというのである。そうなれば、医療分野における最先端技術なども当然、中国に筒抜けだ。大学院にしろ、看護学校にしろ、由々しきことは間違いない。

公安当局は、こういった中国による大学などへの浸透を、どうみているのか。先の関係者に尋ねてみると、真っ先に返ってきたのは、こんなコメントだった。

「まるで英国のような状況が日本でも生じつつあるということだ。中国人留学生で占拠状態の英国の国立大学がある。留学生の6割が中国人。国際的な情報コミュニティでは、有名な話だ」

調べてみると、イースト・アングリア大学（University of East Anglia）のことだと判明した。ノーフォーク州の州都ノリッジにある国立大学で、創立は1963年であるものの、大学による研究活動のうち8割以上が世界トップレベルであるか国際的に優れているとの評価を受けており、優秀な研究者らが多く、英国の上位校のひとつとされる。

卒業生には著名人も多く、2017年にノーベル文学賞を受賞したカズオ・イシグロもそのひとりだというが、そんな大学で「ニーハオ！」なる挨拶言葉がしきりと飛び交っているというのである。

公安関係者は、こう続けた。

「こうしたことは、もちろん問題だ。世界トップレベルにあるような研究が中国人留学生を介して、やがては本国に伝わるわけで、日本もそれに近い状況にある。何とか手を打たなければならない。

だが、いまは、それ以上に早急に手当てしなければならないことがある。最先端の頭脳へのアプローチ。中国は、留学生を送り込むなどして、そこに触手を伸ばそうとしている。世界的に問題視された『1000人計画』が表に出てしまったため、いまはもっと隠微な手法に転換し、工作を進めつつあるわけで、それを、まず阻止しなければ」

1000人計画とは、世界トップの科学技術強国を目指している中国が外国の優秀な人材を集めるために行っている人材招致プロジェクト（現在は明けの明星計画）のことだが、中国共産党中央組織部によって2008年に開始された。招致に応じれば、100万人民元（約1500万円）の一時金のほかに、300万～500万元（約4500万円～7250万円）の研究補助金、さらに住宅費や交通費が提供されるという待遇に惹かれ、多くの学者たちが集まった。プロジェクト開始後、10年間で7000人以上が応じたとされる。

狙いは最先端技術者の獲得とエージェントの送り込み

日本への募集も行われた。東京大学、京都大学、大阪大学、名古屋大学、東京工業大学、筑波大学などの学者や研究者にアプローチがあり、実際に応諾した者も少なくない。読売新聞は、2021年1月、44人の研究者が2020年末までに参加するなどしたと報じている。同紙によれば、参加などを認めた研究者が24人。また、大学のホームページや本人のブログで参加などについて明かしている研究者が20人。東大や京大など国立大の元教授が多かったというのである。

米国では、2021年末、刑事事件にまで発展し、著名な学者が有罪判決を受けたことが話題を呼んだ。ハーバード大のチャールズ・リーバー教授のことだ。トムソン・ロイターが発表した2000年から2010年における偉大な化学者トップ100において第一位に選出されたナノテクノロジーにおける世界的権威で、ノーベル化学賞の候補に名を連ねる人物だが、訴追した司法省によると、リーバー教授は、2012年に1000人計画に参加。月額5万ドル（約400万円）の給料や15万8000ドル（約1260万円）の生活費を受け取りながらも、それらについて米政府側に申告しなかったという。2021年12月、虚偽報告の罪で有罪判決が下された。

「同じようなことが——1000人計画よりも巧妙な手法のもと、日本国内でも起こりかねない」

公安関係者は、そう警鐘を鳴らしたうえで、注目されている2つの工作に言及した。

1つは、早稲田大学大学院情報生産システム研究科（通称IPS）への浸透工作。同大学院のホームページをみると、その理由は明らかだった。以下が、それである。

〈早稲田大学のアジア展開の拠点として2003年に北九州学術研究都市内に開設した、独立研究科（学部を持たない大学院）です。IPSでは「情報アーキテクチャ分野」、「生産システム分野」、「集積システム分野」の3つの分野を設け、今世紀社会が要求する技術領域において学際的に研究を行い、テクノロジーによる持続可能な社会の実現に向けて取り組んでいます〉

現在、世界的なキーワードになっている「持続可能な社会」を実現するための日本ならではの最先端技術が、ここに存在するのである。

2つ目は、諏訪東京理科大学だという。工学部のみの大学で、学科も情報応用工学科と機械電気工学科に限られているものの、AI（人工知能）やロボット技術に関する最先端情報が集積されているのである。同大のホームページも同様に紹介しておこう。

〈通信ネットワークにおける人工知能を用いたビッグデータ解析、センシング・制御工学に基づくロボット技術への応用など、最先端の情報工学の知識と技術を修得。

ハードウェアとソフトウェアを融合した新しいカタチの〝ものづくり〟と新しい価値を生みだす〝ことづくり〟ができる人材を育成します〉（情報応用工学科）

〈電気自動車やロボットなどの開発が進み、機械と電気の結びつきがいっそう強まった今、機械・電気両分野の知識とスキルを修得することで、ものづくりの可能性は大きく膨らみます。機械・電気に関する幅広い分野を統合的に学修し、ミクロの世界から航空宇宙まで、未来に必要なものづくりができる人材を育成します〉（機械電気工学科）

これらの浸透工作を踏まえ、公安関係者は、こんな解説をした。

「中国の主眼は、今後の日本に欠かせない最先端技術の窃取にある。それを成功させるべく、水面下で目立たぬよう懸命に工作を行っているのだが、その柱が①有力な研究者の中国への移住②エージェントの送り込みだ。

大学への浸透工作は、②の範疇にあり、有望視されている。また、②は①のきっかけづくりにも利用されており、その点でも重要視されている。①が成功すれば、即戦力となるからだ。これについては、２０２１年９月、『光触媒』の反応を発見したことで知られ、ノーベル賞候補にも名前が挙がった藤嶋昭・東京理科大栄誉教授とその研究チームが上海理工大で研究活動を行うと発表したのが、その典型事例だ。なお、東京理科大学の理学部の物理学科には、中国科学院物理研究所名誉教授なども務めた経歴のある教授がいるが、これは②の事例のひとつと言える」

日本の大学に集積されている最先端技術と、その頭脳に、中国が手を伸ばしつつあるというのだった。

こうしたことを受け、当時、各校に見解を尋ねてみた。回答は、以下のようなものであった。

「無回答でよろしくお願い申し上げます」（新潟国際藝術学院・佐渡国際教育学院）

「まず、育英館の理事のうち2人が中国共産党員であることは事実です。ただし、中国共産党の専従の職員などではなく、党籍を有しているというにすぎません（なお、2人のうち1人は82歳で、20年前に有名高等学校の校長を退職した方です）。ご存じのように、そのような中国人は膨大な数にのぼります。

育英館グループ傘下の関西語学院は、日本語学校であり、日本の大学・大学院への進学を目指す中国の高校・大学の卒業生が、留学生として日本語を学ぶための機関です。そのような留学生の中に、中国の看護系大学の卒業生がおり、日本の看護師国家試験合格後に、日本の病院に看護師として就職しております。

彼ら、彼女らは、中国の工作員ではまったくありません。

我々はあくまでも彼ら、彼女らを留学生として受け入れ、進学の手助けをすることを任務としています」（育英館）

早稲田大学大学院情報生産システム研究科と諏訪東京理科大からは回答がなかった。危機感が増す一方である。

留学生にかかわる深刻な問題は、まだまだあるが、ほかの由々しき工作も同時進行のように展開されていたため、一旦、離れ、別のケースに話を転じる。まずは、ＩＲ（カジノを含む統合型リゾート）。中国は、何度となく、この事業への参画を密かに仕掛けていたのである。

経済安保の盲点を突く中国の飽くなき野望　繰り返されるＩＲ参入工作の内幕

「中国が日本のＩＲにひそかに再参入しようとしている。米国が問題視し、われわれに通告してきた。それにしても、中国は、しぶとい。これで4度目だ」

2022年5月、公安関係者は、中国のＩＲ参入工作について、そんな事実を明かした。

４度目となると、確かにそのとおりである。是が非でもという執念さえ感じ取れる。目的は、いったい何なのか。まず、そこから解きほぐしていこう。

同関係者は、米国が強く関心を向ける理由を説明する形で、中国の目的について、こんなふうに語っていた。

「米国が神経を尖らせているのは、中国のＩＲ参入の目的がマネーロンダリングであるからだ。つまり、出元が特定できない形で莫大な資金を日本に持ち込むこと。その資金は、工作拠点となり得る企業の買収や不動産の購入などのほか、さまざまな工作の資金にも充てられる。結果、日本での工作活動は、いま以上に活発になるとみられている。

そうなれば、米国が関係している機密や最先端技術なども、さらなる脅威にさらされることになる。米国の通告は、こうした事情を踏まえてのことだ」

要するに、中国は、日本国内での工作に欠かせない資金ルートの確立を目指し、何度も何度もＩＲ参入工作を繰り返しているというのである。

これまでの経緯についても振り返っておこう。

事の始まりは、数年前に遡る。同関係者によれば、中国の動向からして日本でＩＲ推進法が成立したのを絶好のチャンスと見て、工作に着手したとみられるというのだ。

実際、最初の工作は、同法が施行され、日本政府内に特定複合観光施設区域整備推進本部が設けられた２０１７年に始動している。

同年7月、中国・深圳でオンライン・カジノなどを手がけていた企業・500ドットコムがIR参入を目指し、日本法人を設立した。同社は、日本に拠点を設けるや、政治人脈をフル稼働させ、精力的に動き出した。

だが――。

結果的には、この焦りがあだとなり、工作は頓挫することになる。工作の過程での政治側への資金提供が発覚し、贈収賄事件に発展したのである。2019年12月、同社の日本法人の元役員や顧問など3人がIR担当の内閣府副大臣を務めた自民党の元議員・秋元司に賄賂を送ったとして贈賄の容疑で、また、秋元は収賄の容疑で逮捕されたのだった。

この事件については、米国も注目した。2020年7月に米国務省の支援を受け、米シンクタンク・戦略国際問題研究所がまとめた「日本における中国の影響力」と題する報告書は、先に記したように、500ドットコムと中国政府とのかかわりや、日本の政府、自民党への浸透具合について詳述している。

その中身はなんとも赤裸々なものだが、ともあれ中国の権力中枢とつながりのある500ドットコムを介したIR参入工作は潰《つい》えたわけである。

工作の主体は500ドットコムからサンシティグループへ

しかし、次なる工作がすぐに始められた。

代わって登場したのは、中国・マカオのカジノ業者のサンシティグループだった。同社は、2020年9月、親中派のドン・二階のおひざ元である和歌山県に事務所を開設し、IR参入を目論んだ。が、それを機に500ドットコムとの類似点が次々と明らかになった。

まずは、中国政府との関係だ。公安当局の資料によると、代表者の周焯華は、政治協商会議の下部組織・広東省の同会議の委員として名簿に記載されていたという。

二階とのかかわりも深い。当時、公安関係者は、こんなことを明かしていた。

「500ドットコムは二階派の秋元を窓口にしたが、サンシティグループはご本尊、二階を窓口にしている。二階が日本・マカオ大湾区（ベイエリア）友好議員連盟の最高顧問だったからだ」

二階とのつながりを示すことは、ほかにもあった。

「二階は中央大学出身だが、サンシティグループが日本での政官界工作のために設立した会社の代表に同窓の政治コンサルが就いていた」

同関係者は、そんな事実にも言及した。

まだある。次のような指摘もしていた。

「500ドットコムは、実はリゾート地の不動産買収なども手掛けていたのだが、サンシティグループも同様だ。背景には、中国の国家的な意図が見え隠れしている。その対象の土地のなかには、安全保障や資源管理上、重要な場所が含まれているのをみれば、明らかだ」

こうしたことを踏まえ、同関係者は、

「サンシティグループは、まさに500ドットコムの代替として中国政府から白羽の矢を立てられた」

と断じたが、そんな会社が高度な政治力を行使し、IRに参入しようというのだから、今度こそうまくいくかに見えた。

ところが、周の脛《すね》には傷があった。同関係者も話のなかで触れていたのだが、2019年にオーストラリアの司法当局から資金洗浄の疑いがあるとして入国禁止措置を受けていたのである。この件には、奇しくも習近平主席の従兄弟とされる人物も関与していたとの情報もあった。

これが和歌山県のIR業者選定に影を落とした。しかも、2021年2月、今度はオーストラリアのカジノ管理機関が、サンシティグループの顧客がカジノで資金洗浄をしたなどと指摘した報告書を公表したのである。同社は、「反社会的勢力と一切関与していない」などと声明を出したが、疑惑はぬぐえず、同年5月、IR参入を断念したのだった。

その際、同社側は、「県と意見が合わなかった。信頼関係を築けない限り、投資はできない」と強弁したものの、虚偽はほどなく発覚することになる。参入にしくじった同社に激怒した中国政府自らが、資金洗浄の容疑で周らを立件したのである。中国がいかにも公正であるかのように見せる目的もあったとみられるが、2021年11月、マカオ司法警察局が周をはじめ同社幹部ら11人を逮捕したのだった。

次の主役はオシドリ・インターナショナル・デベロップメント

かくして、中国は2度目の敗北を喫することになった。だが、実は、この間、3度目の工作が進行していた。主役はオシドリ・インターナショナル・デベロップメント（以下、オシドリ）なる会社だ。香港の金融機関・オシドリ・インターナショナル・ホールディングスが、長崎のIRに参入する目的で2020年8月に設立した子会社である。翌年1月には、最高執行責任者（COO）に日本人を抜擢し、参入に向けて活発に動き始めた。

ところが、この工作も日本の捜査当局による別の事件の立件によって阻まれることになる。2021年8月、東京地検特捜部は、オシドリと深い関係にあった公明党の遠山清彦元議員への捜査を進めていた。容疑は、貸金業法違反。新型コロナウイルスの感染拡大で業績が悪化した企業などから融資の相談を受け、貸金業の登録を受けていないにもかかわらず日本政策金融公庫の特別融資の仲介にかかわったというものだが、家宅捜索に踏み切ると、意外な資料が出てきたのである。

当時、地検関係者は、こんな証言をしていた。

「資料を分析した結果、遠山の顧問先には中国系企業がずらりと並んでおり、また、長崎県のIRに手を挙げていたオシドリの代理人のようなことをしていたことも判明した。オシドリには、不透明な資金取引があったことが確認されたが、それにも関与していた疑いがある」

遠山元議員とオシドリの関係は、かねて問題視されていたが、捜査によってそれが裏付けられた形だ。当の本人も、観念したのか、家宅捜索の当日、週刊文春の取材のなかで、こう認めている。

「顧問契約ではないですが、オシドリの関係者とは電話でやり取りをしています」

この直後、オシドリは、IR参入を突如、辞退したのである。「不透明な資金取引」への捜査の行方を案じたとされる。そうしたなか、長崎県は、オーストリアの国営企業関連のグループであるカジノ・オーストリア・インターナショナル・ジャパン（以下、カジノ・オーストリア）をIR業者に選定したのだった。

同年5月のサンシティグループの撤退に引き続いての3度目の挫折であり、さすがに中国政府も、これを機に日本のIRから完全に手を引いたかにみられた。

しかし、そうではなかった。中国の飽くなき野望は潰えることなく、4度目の工作を始めていたことが、冒頭の公安関係者の証言により明らかになったわけである。

とはいえ、もはや業者選定が終わった段階で、いったい、どうやって再参入しようというのだろうか。

「そんなに難しい話じゃない。単にカネの問題だ。中国は、カジノ・オーストリアがIR開業のための資金を手当てできないことに付け込んで、オシドリとは別の業者を水面下で動かし、資金を提供することにより、運営に加わろうとしたのだ」

公安関係者は、そう語った。

調べてみると、カジノ・オーストリアは、実際に資金集めに苦慮していることが判明した。長崎県議会でさえ問題として取り上げていたのである。この点については、デイリー新潮が議会での質疑を含めて詳しく報じている。一部、抜粋しておこう。2021年12月に開かれた議会で自民党系会派に所属する浅田ますみ議員が県側を追及した時のものだ。

〈――事業計画の中で提案すると言っていたメガバンクというものは決まっているのでしょうか。

「資金調達の面については、なかなか関係する企業の経営判断等ありますし、それから事業者と関係する企業など機密に関わることでございます。資金調達の件については現時点でも申し上げることを控えさせていただきます」

――しかし、資金面運用面は重要なことだと思います。企業やメガバンクがどこかというところまでは、今は聞いておりません。決定したのかどうかを聞いているのです。

「出資の状況につきましては、現在、事業者におきまして努力調整をさせていただいております」〉

このやり取りから透けて見えるのは、質問に答えられないほど資金調達がうまくいっていないということだ。

最後に登場した一大スパイ事件にかかわる元議員秘書

先の公安関係者が続ける。

「これを好機と見た中国は、日本で事業を展開していた不動産会社をかませることにした。ところが、この動きを米国がいち早くキャッチし、日本の警察当局に通告。同時に米国が有している情報を提供するとともに、同社にかかわる日本の保有情報を求めたのだ」

そんななか、意外な事実が新たに判明した。

同関係者が明かす。

「カジノ・オーストリアと中国が資金提供役に抜擢した不動産会社を結びつけた吉田彰浩（仮名）という人物がいるのだが、元議員秘書で過去に一大スパイ事件の舞台にも登場していたことがわかった。李春光事件のことだ」

この事件は、外交官資格を持つ中国の工作員が日本で立件された初めてのケースとして日本ばかりか世界的にも注目を集めたものだが、それとともに工作員の長年にわたる巧妙かつしたたかな工作ぶりが赤裸々にさらされた事件として日本社会に衝撃を与えたものだ。

「時代を先取りしたしたたかな中国諜報員がいましてね――」

事件からしばらくして、政府関係者がそんな口ぶりで李について語っていたのは、いまなお記憶深い。以下が、その中身だ。

李は、中国軍の情報部門である総参謀部（現在は中央軍事委員会聯合参謀部）、しかも、まさに諜報工作活動を担っている第二部に所属する工作員とされたが、1988年から数年間、在日中国大使館に出向したことを皮切りに、日本での活動を開始したという。

そして、出向を解かれたのちの1993年には、河南省洛陽市職員に身分を偽装し、再来日。同市の友好都市となっていた福島県須賀川市の『日中友好協会』の国際交流員として長期間滞在した。その間、福島県を地盤に国政に出た民主党の玄葉光一郎の選挙を手伝うなどするなか、民主党台頭の気配を読み取ったとみられている。

李は、1999年、今度は中国政府のシンクタンクである『中国社会科学院』の日本研究所副主任の身分で来日すると、民主党の主要メンバーを輩出した政治塾『松下政経塾』の特別塾生となり、政界人脈を育んだ。

それから10年余の月日が流れて——。

2010年、鹿野道彦農水大臣、筒井信隆農水副大臣をはじめ、民主党の農林水産族議員らが中心となって、日本の農産物の中国への輸出を促進すべく、非公式な勉強会が立ち上げられた。『農林水産業輸出産業化研究会』なる名称のもので、農林水産省の官僚や中国系シンクタンクの関係者らも参加していたが、李も中国大使館の一等書記官の立場でこの会に紛れ込んでいたのである。

李は、鹿野、筒井らが顔を出した勉強会に何度も出席し、親交を深めていく。そして、鹿野とは個別にホテルで会食するようになる。一方、筒井に対しても、副大臣室に入室できるほど接近した。その親交ぶりは、中国国有企業の代表が訪日した際、李とともに空港で出迎え、一緒に地方視察に行ったりするほどであった。また、このグループに属する秘書たちにも浸透していった。

とりわけ懇意な関係を築き上げたのは、勉強会の実務を取り仕切った秘書である。この秘書は、2011年7月、勉強会が社団法人『農林水産物等中国輸出促進協議会』へと衣替えした際、代表理事に収まっている。

社団は、その後、中国への輸出サポート団体として活動を始めるが、その過程でなぜか、この秘書は、農林水産省の機密文書を入手するようになった。国内の米の需給見通しに関わる文書や在外公館とやり取りした外交公電（機密連絡文書）など、その数は20点近くにも及んだ。

いったい、どういうことか。外交公電などが、なぜ輸出サポート事業に必要なのか……。

農林水産省側は、首をひねったが、それどころではなかったのが、警視庁公安部外事課だった。というのも、前々から李の動向を追っていたからだ。

外事課の網に李が引っかかったのは、2005年に遡る。同年、外事課は、自衛隊の潜水艦技術に関する情報漏洩事件の捜査に注力していた。その捜査線上に浮上したのが李であった。当時、李は、中国に戻っていたが、情報を漏洩した防衛庁（当時）技術研究本部の元技官らが訪中し、面会したのが李当人であるとみられた。そのため、その数年後、李が在日中国大使館員として日本に戻ると、厳しい監視下に置いていたのだ。

そんな最中、機密文書を手にした秘書と李が頻繁に接触していることが判明。外事課は色めき立った。李が社団の事業を利用して、当時、政府内で前向きに検討されつつあったTPP（環太平洋経済連携協定）への方針決定をはじめ、機密性の高い政府情報を入手しようとしていたことがわかったからだ。

とはいえ、政権と近い立ち位置にある秘書、ましてや大臣や副大臣らから事情聴取するわけにもいかない。文書の受け渡しの現場もなかなか押さえられなかった。そうこうする間にも、情報漏洩は続いていた……。

2012年5月、外事課は、ついに別の容疑で李に出頭要請をかけた。虚偽の身分で外国人登録証を取得し、銀行口座を開設していたことに着目し、公正証書原本不実記載の疑いがあるとしたのである。実質的なスパイ摘発だった。が、外交官身分を盾に、李は出頭を拒否。帰国してしまった。

残されたのは、混乱だけであった。機密文書漏洩疑惑は、その後、農林水産省の内部調査に発展し、国会でも問題化。鹿野農水大臣と筒井信隆副大臣は漏洩には関与していないと主張しつつも、李との親密な交際は否めず、実質的に更迭された。また、このスパイ騒動を機に、社団の事業も行き詰まったのである。

「それにしても、したたかなスパイだ。危ないところだった。この件が頓挫しなければ、また、民主党政権が続いていれば、まだまだこの先があったのではないかとみられている」

政府関係者は、そんな総括をしていたが、この大事件の舞台に登場した人物が、今回もまた重要な立場で現れるとは……。

中国のマネーロンダリングに使われるカジノ資金

先の関係者が明かす。

「この事件にかかわった議員らの秘書をしていた人物のひとりが吉田で、その吉田がカジノ・オーストリアの役員に入っていたため、中国側は、あっという間に交渉のルートをみつけることができた」

それにしても、いったいなぜ、そんな人物が、カジノ・オーストリアの役員に就任したのか。単なる偶然とは考えにくい。

「実は吉田は、カジノ・オーストリアの林昭男代表の妻である歌手の小林幸子とかねて親交があった。そもそも李春光事件の頃には、かなり親しかったとされている。ただ、当時から中国がそこに目を付け、その後、カジノ・オーストリアに入るよう仕向けたとは考えにくい。あくまでも、今回、たまたま中国の情報工作ルート上にいた人物を見つけたということだろう。それにしても、妙なつながりがあるもんだ」

関係者は、そう語るのだった。だが、しばし間を置いたのち付け加えた。

「李春光事件にしろ、今回にしろ、すべて偶然というなら、それはできすぎだ。偶然がそうも重なるのは、不自然でもある。今後の吉田の動向が気にかかる。つい最近まで吉田が別の議員の秘書を務めていた点を考慮すれば、なおのことだ」

情報工作に長けた中国を案じてのこととみられるが、中国は、こうした巧妙さやしぶとさに加え、実にしたたかであることもほどなく判明した。

米国の通告から1か月ほど経過した時点で、長崎県は、カジノ・オーストリアの資金計画が曖昧なまま国に認定申請したのである。

中国のＩＲ参入工作の情報収集を継続していた先の公安関係者は、こう解説する。

「長崎ＩＲの総額約４３８２億円に及ぶ資金調達計画は、一応もっともらしく整えられていた。内訳も企業の出資が約１７５０億円、金融機関からの借り入れが約２６００億円と明確に見える。

だが、精査すると、ぼろが出てくる。ポイントは、企業が出資する約１７５０億円だ。その80％に当たる約１４００億円をカジノ・オーストリアが外資系企業などと出資し、残りの20％の約３５０億円を日本の国内企業が出資するとされているが、問題は『外資系企業』と『など』だ。

実は、『など』というのが不動産会社。中国のダミーだ。『外資系企業』にも資金提供するのではないかとみられている。要するに、中国は、匿名あるいは偽装のもとに多額の資金を提供し、ＩＲを裏で牛耳ろうというわけだ」

細工は流々ということのようだ。そこで、事実を確認すべくカジノ・オーストリア側に質問状を送り、不動産会社の出資の有無、吉田の立場と役割などを尋ねた。だが、回答は、一切なかった。

同関係者が語る。

「こんな状態のまま国が認可すれば、マネーロンダリングのために何としてもIRにかかわりたいとしてきた中国の宿願がかなうことになってしまう」

先行きを案じたわけだが、こんなことも付け加えた。

「ロンダリングの目的には、日本の最先端技術などの窃取も含まれる。したがって経済安保にかかわる深刻な工作事案でもあるのだが、法制の盲点を突いている点も大いに懸念される」

2023年末、長崎IRは認可をされることなく幕を下ろしたが、ここまで執着した中国。何か別の手を考えているに違いない。

続いて、土地。これについても、中国は、さまざまな手を使って工作を仕掛けていた。

沖縄の無人島買収の背後にやはり中国政府

2023年1月、沖縄の無人島に注目が集まった。

そして……。

「調べてみると、由々しきことが確認された」

ほどなく公安関係者が、そんなことを漏らしたのである。

事の始まりは、中国人女性の発言だった。沖縄本島北部にある無人島・屋那覇島《やなはじま》に上陸した張莉莉なる人物が、2月末には欧州に倣って日本でも政府職員の利用が禁止された中国製の動画アプリＴｉｋＴｏｋに島の動画をアップし、そのなかで、こんなことを口にしたことだ。

「後ろに見える70万平方メートルの島は、わたしが２０２０年に購入した島です」

これが日中両国で大いに関心を集めた。

中国では、羨望と同時に、「中国の領土だ」「軍事基地にしよう」などといった声が上がった。一方、日本では、別のことも加味しつつも、国防上、問題なのではないかとの懸念が沸き上がった。この島を実際に購入したのが、張の夫である馬克和という人物が経営している義昌商事なる会社、すなわち中国系企業であったからだ。張は、ここの取締役であった。

もっとも、この会社の主業は、不動産投資やリゾート開発であり、島についてもホームページで購入したことを明らかにし、「リゾート開発計画を進めている」と記していた。また、購入したのは島のおよそ半分に過ぎなかった。

そのため、やはり観光ビジネスだろうとの見方がその後、定着しつつあった。ただ、購入から2年以上経っても開発の動きがないなど、不可解な点が残されていた。

そんななか、飛び出したのが公安関係者の先の発言だった。

同関係者は、こう続けた。

「馬の周辺を洗うと、単に観光目的とは言えないことを指し示す人間関係が確認された。中国の女性工作員とコンタクトがあることが通信記録などから明らかになったのだ」

そもそも、馬は、中国に居住していたこともあり、そこで事業を展開してもいるという。中国本土でビジネスをする以上、政府とのかかわりがないはずがない、と公安関係者はみており、当局に工作員として登録されている中国人女性との日本におけるコンタクトも、その傍証のひとつだというのである。

同関係者は、さらに続けた。

「馬の周辺には、米国が工作員養成機関として強く警戒する在京の日本語学校に関与している日本人男性がいることも確認された」

義昌商事は、取材に対し、コメントを拒んだが、無人島の購入の背後には、数々の工作員の影が見えるというわけである。

では、その詳細はというと……留学生にかかわる事案であるため、後述することとしたい。

沖縄の次は北海道だ。

上海電力の手先の元政府関係者が暗躍
北海道の空を守るレーダーサイトに焦点か

2023年8月、中国政府との関係が取り沙汰される上海電力について、公安関係者が明かした。

「メディア報道が過熱した結果、上海電力は、自らが表に立たないよう――ズバリ言えば正体隠しのための工作を積極的に展開している。そこに登場したのが、山田康夫（仮名）だ」

それぞれについて、概説しておこう。

まずは上海電力だが、同社は、中国の大手電力会社・上海電力股份有限公司の100%子会社として2013年9月に設立された日本法人だ。太陽光やバイオマスといった再生可能エネルギーなどによる発電事業を手掛けている。

設立翌年の5月には、大阪市が主導した咲洲《さきしま》メガソーラー発電所事業を受注。それを皮切りに全国各地で数多くの発電事業および計画を推進したことで知られている。

一方、山田は、1982年に東大経済学部を卒業後、大和証券を経てゴールドマン・サックスに入社。ゴールドマン・サックス投信代表取締役社長や本社パートナーなどを務めたのち、2002年に退社。その後は政治活動を行う傍ら、自然エネルギーにかかわるビジネスなどを手掛けるようになった。ちなみに、2009年には民主党政権下で総務省顧問に就任。また、自民党・安倍政権下でも国土交通省観光庁のアドバイザーを務めた。言うなれば、政府関係者であったわけである。

そういった人物が、自然エネルギーが縁となり、上海電力と密接な関係を持つようになったというのだ。

公安関係者が続ける。

「山田は、2022年2月、かねて自然エネルギー関連ビジネスを展開していた企業傘下に別会社を立ち上げて、上海電力のダミーとして動き始めた。本社所在地は、それぞれ同じだ。だが、調べてみると、活動実態が見えてこない。正体隠しは、かなり念入りに行われている」

同関係者は、こんなことも明かした。

「上海電力と別会社のつなぎ役として活動している中国本国指揮下のエージェントが4名もいることが確認されている。J、K、Y、O。Jは、東京電力出身の人物が設立した太陽光発電事業にかかわる企業の取締役でもあった。中国としては、なかり力を入れているとみられる」

ちなみに、別の公安関係者は上海電力のパートナー企業のひとつで、つくばや北海道、沖縄などで電力事業を進めている会社の動向を長期間にわたって細かに追っていた。とくに沖縄の事業には、強い関心を示した。用地の買収に元経済産業相が関係していたためだ。が、最近、軌道修正をしたという。

その理由について、同関係者が語る。

「パートナー企業も実質的に山田が傘下に収めたためだ。そのため、いまは山田の企業グループの動向をつぶさに追っている」

もっとも、先に記したような事情があり、調査は難渋しているようだ。これも知略に富む元政府関係者のなせる業なのか……。

こうしたなか、山田の新たなる動きが確認された。北海道を舞台にしたものだ。

事の始まりは、2019年に北海道石狩郡当別町《とうべつちょう》で大型の風力発電事業計画が浮上したことだった。事業の敷地面積は、およそ700ha。東京ドーム150個分に相当するほどの規模だが、ここを地上げしたのがパートナー企業であった。しかも、ここから3キロほど先には航空自衛隊三沢基地の分屯基地があり、レーダーサイトが設置され、北海道エリアの監視中枢として機能していた。

パートナー企業の素性を含め、これらのことを把握し、危機感を抱いた地元住民は、反対運動を展開。パートナー企業側は、住民説明会を何度も開催するなど懸命に対応したが、住民の不安は解消されず、理解を得ることができない状況が続いた。

そこに登場したのが山田だった。同町を訪問し、地元住民らと相対したのである。山田は、風力発電事業のことには触れずに、政界や経済界における自身の人脈を滔々《とうとう》と披露するばかりだったが、不審に思った住民が訪問の目的を質《ただ》すと、ようやく事業について言及し、「（パートナー企業の）元社長から頼まれ、あなた方の説得にきた」と口にしたというのである。

山田が、自社の傘下企業の依頼を受けて代理を務めるとは不自然極まりないが、ともあれ地元住民に対して事業主体との関係を公にしたわけである。

そこで、山田に取材したが、上海電力との関係を否定するばかりだった。

言うまでもないが、電力は国の基幹インフラであり、経済安保の要のひとつだ。そこに中国の企業が日本企業の手を借りて猛烈な勢いで食い込みつつある。しかも、中国は、自衛隊や米軍施設付近の土地を取得したうえでの発電を計画し、実行に移しつつある。その意味でも日本の安全保障を脅かしているわけである。

とりわけ北海道や沖縄については、かねてロシアと中国の動向が懸念されている。両国が連携し、北海道をロシアが、沖縄を中国が手に入れようという水面下の動きだ。日本海での共同軍事演習や、その上空での共同飛行のほか、アイヌや琉球民族の独立を働きかける工作などは、そのための地ならしとみられている。

そんな最中、今回、北海道を守るレーダーサイトが狙われたわけである。先の公安関係者が語る。

「上海電力は、いまなおビジネスと諜報工作をかねた活動を、一見、関係がないように見える日本人らを代理人としてフル稼働させて国内で精力的に動いている。山田は、その主要メンバーだ。太陽光発電により電力の価格が下がり、廉価な装備が不可欠となりつつあるため、国内が中国系の独壇場になっているなどといった背景事情もあるが、それにしてもしぶとい」

新たな動きも確認された。上海電力が、これまでノーマークであった複数の日本人をリクルートし、日本での事業の活性化を図っているというのだ。

同関係者が続ける。

「中心人物は、やはり太陽光発電を手掛ける会社の代表。そして、その配下として活動しているのが、同じく太陽光発電にかかわる一般社団法人と、その関係者。これらはスウェーデンなど海外の技術の取得にも動いている。

ちなみに、山田は、代表の配下として活動することになった」

こうしたことを前に、公安当局は、懸命にその阻止に動いているが、適用できる法律がないため、苦慮しているのが実際のところだという。

政府は、この状況にどう対処していくつもりなのだろうか。


日本の情報中枢に対するシギント（電子諜報）も確認された。

防衛省、警察庁……日本の情報中枢に浸透 元議員がフルバックアップ？

2023年9月、公安関係者が、こんなことを明かした。

「中国人のやっている企業が日本の情報中枢に浸透している。大いに懸念される」

問題視されているのは、システム関連の事業を行う企業。代表者は上海生まれの中国人だが、現在は日本名で活動をしている。日本に帰化したとみられるが、その詳細はわかっていない。

そんな企業が、機密情報の多い防衛省や警察庁などに深く食い込んでいるというのである。

実際、最近の受注実績を調べてみると、その数は数十件に及んでいた。しかも、そのなかには、次のような部署が含まれていた。

・防衛省本省
・防衛省統合幕僚監部
・防衛省防衛装備庁本庁
・防衛省防衛装備庁新世代装備研究所
・防衛省陸上自衛隊北部方面隊
・防衛省陸上自衛隊東北方面隊
・防衛省陸上自衛隊東部方面隊
・防衛省陸上自衛隊中部方面隊
・防衛省陸上自衛隊西部方面隊
・防衛省海上自衛隊大湊地方総監部
・防衛省航空自衛隊
・防衛省中国四国防衛局

・防衛省九州防衛局
・防衛省防衛大学校
・防衛省自衛隊札幌病院
・警察庁長官官房
・警察庁九州管区警察局

これを見ると、防衛省は丸裸と言っても過言ではない。本省や装備庁はもちろん、各地自衛隊まであまねく浸透しているばかりか、軍隊で言えば参謀本部に相当し、陸・海・空の部隊運用・作戦指揮にあたる統合幕僚監部にさえ手を伸ばしているのである。

警察庁も安閑とはしていられない。本丸たる長官官房が食い込まれているのだ。そのほか、内閣府や海上保安庁本庁、また第三管区海上保安本部（首都圏を管轄）、第五管区海上保安本部（近畿圏を管轄）、さらに法務省大臣官房などの部署も確認された。

それにしても、いったいどうやって、これほどの実績を築いたのか。

「警察庁のお墨付きを得たからだ。国家公安委員長などを務めた元議員の口利きで、10年ほど前に警察庁に入ったのだが、これを機に信用を得て、急速に業績を伸ばしていった」

先の公安関係者は、そう語ったうえで、「わがことながら情けない」と言って続けた。

「いくら大物政治家の後ろ押しがあろうとも、これはまずかった。代表者が不可解な経歴の中国人であることに加え、中国政府が背後にいるとみられる理由がほかにもいくつもある。

この会社が入居するビルは、中国資本傘下となった企業の実質的管理下にある。また、ビジネスマンの仮面をかぶった在日の中国大物工作員で、首相経験者らとの交流があるばかりか、親中派の大物幹事長であった二階俊博とも昵懇《じっこん》とされる人物が後ろ盾となっていることもわかっている。さらに、これらのネットワークを支障なく機能させるために中国大使館の経済商務部が動いている。にもかかわらず、お墨付きを与えてしまうとは……」

今後、起こり得る事態、あるいはすでに起こってしまっていることを念頭に、慚愧《ざんき》の念に堪えない様子であった。

一方、防衛省筋は、こんな内情を明かした。

「同社には陸自OBが雇用されているため、同社との取引にはいろんな問題点があることは承知しつつも、有効な手が打てない」

実際、同社には陸上自衛隊の元幹部が2名在籍している。ひとりはN、もうひとりがT。Nは、2013年に入社し、現在は統括戦略室防衛システム担当部長。Tは、陸上自衛隊システム開発隊付で2020年退職し、同社に再就職。ともに元一佐であるが、Tの場合、60歳に満たない自衛官に対する防衛省の就職援助により同社に入ったことが明らかになってもいる。

こうなると、もう防衛省までも、お墨付きを与えたようなものだ。

何とも言いがたいほどの惨状だが、後日、公安関係者は、この件に関連して、こんな指摘もした。

「元議員の暗躍ぶりは目に余る。奴がかかわっているのは機密情報を保有する公官庁への浸透工作だけじゃない。先端技術を保有する研究機関はもちろんのこと、技術に優れる中小企業への情報工作、さらには中国マネーで馬主組合などを組織し、それを通じて良質な農地や水源にまで中国が手を伸ばせるよう指南することなどにも手を染めていることが最近、確認された。これは許しがたい」

いやしくも閣僚まで務めた政治家が中国のお先棒を担ぎ、亡国のたくらみに手を染めているとは……。いったい、この国は、どうなってしまうのか。

さて、ここからは、留学や潜入の話に戻そう。時間もやや戻る事例から紹介していく。

留学生を受け入れる潜入工作員
政府の留学生厚遇と調査不備に付け込み……

日本語学校を経営する帰化した中国人が大物工作員だった

2023年3月、横田小百合（仮名）という女性が日米の捜査当局にマークされていることがわかった。日本に帰化した中国人で、東京都内で日本語学校を経営する人物だが、実は大物潜入工作員だというのだ。

公安関係者は、こんな情報を明かした。

「米国が強く警告している中国人留学生の受け入れグループがある。そのグループとは、東京都内で日本の一流大学への留学をサポートしている日本語学校を中心とし、複数の大学教授や企業経営者らが協力者として活動しているネットワークだ」

米国がまず問題視しているのは、その実績だという。１９９０年代に設立された同校は、この10年ほどだけでも、旧帝大や早慶といった日本のトップレベルの学校の大学院などに数千人もの中国人留学生を送り込んでいる。

国内屈指の優良日本語学校というわけだが、その理由について、公安関係者は、こう続けた。

「トップレベルの大学院などへの留学に際しては、学校の協力者らのバックアップがあるのは事実だが、実は同校は、中国大使館の教育部と連携し、そもそも選抜された優秀な中国人を受け入れている。つまり中国政府に選ばれるほど、もともと能力が高い者たちであるわけで、留学の実績が優れているのは当然と言えば、当然だ。ただ、こうした選抜がある以上、学生はすでに工作員であるか、あるいは、その養成課程にあるかで、いずれにせよ最先端技術などが中国の手に渡る可能性が高い状況だ。米国は、その点を重要視している」

米国の警戒は、留学以後に対しても向けられているともいう。

同関係者が明かす。

「大学院などを出たあと、留学生の多くは、やはり同校や、その協力者らの後ろ立てを得つつ、大学教授になったり、一流企業に就職したりしている。大学はもちろんのこと、一流企業にも最先端の技術や情報等があるわけで、米国は、こうした面々を潜入工作員とみている」

調べてみると、日経新聞、野村総研、楽天、ＪＣＢ、三井住友銀行、三菱ＵＦＪ銀行、三菱重工、三井化学、旭化成、ＮＴＴデータ、東芝、パナソニック、富士通、ソニー、セガ、本田技研工業などの企業名が確認された。

「同グループの背後には大使館が控えているだけあって、その後も抜かりはないということだ。この段階では、学生も工作員となっていることだろう」

公安関係者は、そう付言したが、もっとも工作員になっていなくとも、中国人である以上、目的は果たせる。中国には国民に情報活動への協力を義務づけている国家情報法があるからだ。

とはいえ、工作員であるに越したことはない。その点について、同関係者は、米国のさらなる警戒事項にからめて、こんな解説を行った。

「大使館の意を受けた同グループは、実は学生が語学学校に在籍している過程で、学習だけでなく、生活面などにおいてもきめ細やかな支援を行い、個人的に友好関係を作るなどして徐々に工作員へと導くよう動いている。住居やアルバイトの斡旋などは、その最たるもので、就職はその延長線上にある」

進路についてはもちろんのこと、住まいやアルバイトといった相談に乗れば、当人の関心事や嗜好がわかる。それらをベースに巧妙に働きかけ、情報提供者すなわち工作員へと育て上げていくというのである。当の学校側は、いずれも否定しているものの、これらを踏まえ、米国は、同グループを潜入工作員養成機関と認定しているともいうのだ。

ちなみに、同グループのなかには、沖縄の無人島を購入した義昌商事代表・馬克和に住居を提供していた人物もいる。食品会社経営というのが表看板ながら、その裏で中国の工作員として幅広く活動しているとされる。

ほかにも複数の人物が日米当局から名指しされているが、いずれも留学生への住居提供者としてさかんに活動していることが判明しており、今後の捜査が不可欠だというのだった。

公的機関がすでに破棄していた大物工作員の資料

こうしたことを踏まえ、中国大使館と連携し、潜入工作員を養成して大学院や一流企業に送り込む任務を長年果たし続けている大物潜入工作員たる横田の背景調査を試みた。どのようにして日本社会に根を張ったのか明らかにすることが、今後、工作員の潜入を防ぎ、最先端技術や機密情報を守って経済安保を確たるものにするのに有用だからだ。

ところが、横田が日本に入国した際の事情を示す「在留資格認定証明書交付申請書」をはじめ、日本に帰化した時の「帰化許可申請書」も、さらに日本語学校の設立にかかわる「商業登記申請書」までも、保存期間を過ぎているため、廃棄されてしまっていることが判明した。

「在留資格認定証明書交付申請書」は法務省の外局・出入国在留管理庁（旧入国管理局）、「帰化許可申請書」は、やはり法務省の法務局に提出するものだが、前者は20年、後者は原則として5年（帰化許可の決裁書など一部は20年）となっており、横田についてのものは、すでになかった。

また、「商業登記申請書」については、「帰化許可申請書」と同じく法務局に出されるものだが、こちらの保存期間は10年。横田の日本語学校のものは期間を超えており、やはり存在せず、そこにあったはずの、登記時の役員らのことや、出資金の支払い状況などを把握することもできなかった。

なお、横田の場合、帰化する以前に「永住許可申請」などといった在留資格を変更したかどうか定かでないものの、念のため、それについても調べてみたが、こちらも保存期間の壁に阻まれた。20年が期限であったため、申請の有無すら確認できなかったのである。

唯一の例外は、戸籍だった。住民票についても、2019年に住民基本台帳法が改正され、除票（転居や死亡などのため抹消された記録）の保存期間が5年から150年間に延長されたおかげで、かなりの資料に手が届くものの、それ以前は5年間であったため、2014年よりも前の記録は入手できない。それに対し、戸籍の除票については、もともと保存期間が150年であったため、昔のものを遡って確認することができるのだ。

こうした調査の結果、横田について現在入手可能なのは、記録が完全でない住民票と戸籍の除票だけということが判明したのである。まるで潜入工作員を歓迎しているかのような記録保存の実態というほかない。

政府の留学生優遇制度に乗って暗躍する「学術スパイ」

そして、ここで、さらなる問題が顕在化する。留学生についてのことだ。

「日本は、留学生を歓迎し、きわめて優遇しているため、横田の学校以外にもたくさんの学校や団体があり、多くの中国人留学生がやってきているが、一度、入ってしまえば、その後の動きがつかみにくい。また、現状の記録保存のやり方では、長期にわたって目立たぬよう活動していれば、日本での足跡や親密な関係者の存在を消し去ることができる。恐るべきことだ」

公安関係者は、そう指摘し、当時の岸田政権の方針にも疑問を投げかけた。

「いま巷《ちまた》で言われている留学生の在り方に対する批判はもっともだ」

外交や国際問題に重きを置く岸田文雄首相は、海外からの留学生を40万にするとしていたが、これに対し、その優遇ぶりと、潜在的な懸念とを根拠にネットなどを中心に数多くの批判が寄せられていたのである。

確かに留学生は優遇されている。大学の学部生ばかりか高専、専門学校の生徒に対しても入学金や授業料を免除したうえ、旅費も支給。さらに月額11万7000円の奨学金が支給される。また、大学院の修士課程の場合には、奨学金が上乗せされて14万4000円、そして博士課程となるとさらに加算される。もちろん、入学金や授業料はタダであり、旅費も出る。

以上が国の援助だが、これに加えて、独立行政法人日本学生支援機構や地方自治体などによる数多くの奨学金が用意されているのである。

これらの原資が血税である以上、国民の不公平感が出るのもうなずけるが、実はほかにも由々しき批判がある。大学や大学院などから価値のある最先端技術を不正に入手しようとする、いわゆる「学術スパイ」への懸念だ。

文部科学省は、2020年10月、「学術スパイ」対策などに当たる経済安保担当ポストを新設すると発表したものの、その後、機能しているとの話はとんと聞かない。むしろ、ほかの省庁が目を光らせているのが実情のようだ。スパイ監視のプロたる公安関係者の、こんな証言もある。

「岸田首相の指示を見れば明らかなとおりに、留学生を増やすことの方に重きが置かれているため、スパイ活動への対応はおざなりにされている。それをいいことに、留学生は、やりたい放題。とくに中国からの留学生は問題だ。毎年のように数が増えている点でも頭が痛い」

事実、以下は一部を除いて2021年度のデータだが、それ以前と比較すると、ほとんどの大学で年々増えていることがわかった。

最大数は、日本の頭脳中枢たる東京大学。3000人にも及びそうなほどの中国人留学生が在籍していたのだ。その数たるや2792人。それに続くのが京都大学。こちらも1500人を超える。正確には1548人だ。さらに、大阪大学が1434人、名古屋大学が1352人、九州大学が1347人、東北大学が1330人、北海道大学が1269人といった状況になっていた。

すべて合わせると、1万1000人を超える。これに早慶など有名私大を加えれば、さらにその数は膨れ上がり、膨大なものとなる。監視する側の公安当局が頭を痛めるのも、うなずけよう。

しかも、これらの留学生らをしっかりと管理し、中国本国と結び付けている団体があることも前述のとおりである。

公安関係者は、こう訴えた。

「これほどの数の中国人留学生がいて、さらに増えていきそうないま、潜入工作員の存在を暴き、今後に警鐘をならすためには、まずは背景調査のための資料類が欠かせない。捜査や摘発の基礎資料だからだ。保存期間は延長してもらいたい。5年は言うまでもなく、10年、20年でも短すぎる」

多額の税金で潜入工作員を育てているような状況は容認できない、とも語った。まさに、そのとおりである。

潜入工作員と言えば、すでに稼働している面々の問題もある。習主席の〝直轄工作〟にかかわる事案の中で触れた海外警察は、その活動拠点のひとつだが、ほかにもまだまだある。大物潜入工作員・横田の件が明らかになったのと同じ頃、以下のようなことが判明した。

海外警察だけではない
中国・新スパイ機関「魯班工房」

「中国の公的機関を装ったスパイ機関は、海外警察だけではない。ほかにもある」

国際情報に通じる外事関係者が明かした。

「その最たるものが『魯班工房』と呼ばれる技術訓練校。中国語や中国文化の教育を看板に掲げた『孔子学院』に代わるもので、潜入工作員の活動拠点および工作員養成の場となっている」

孔子学院は、全世界160か国以上で、およそ550校が開校されていたが、中国政府によるスパイ活動に対する警戒が高まるなか、欧米では閉鎖が相次いだ。とりわけ米国の動きは顕著で、かつて118校もあった学院が14校に激減。反応の鈍い日本でも2校が閉鎖されていたのだった。

一方、それに代わるとされる「魯班工房」。紀元前5世紀の春秋時代の中国、魯国で活躍した伝説的な工匠・魯班の名にちなんで命名された技術訓練校だが、電子技術やロボット工学などを売りに、エジプト、エチオピアなどアフリカを中心にインド、パキスタン、さらにタイなど19か国で25校が稼働していることが確認された。

そして、これらがスパイ機関として機能しているというのだ。

外事関係者が続ける。

「工房に送り込まれる技術者は、工作員教育を受けたエリート研究者だ。工房が設けられているのは主に『一帯一路』のエリアの国々だが、研究者には、外事警察の要員と同じく、工作の規定などが含まれている国防動員法が適用され、技術教育の装いのもと、スパイ工作をひそかに遂行。めぼしい訓練生を工作員として養成する任にも当たっている」

研究者の仮面をかぶった工作員とは、なかなか厄介な存在だが、もっとも、欧米や日本においては、孔子学院ほどの脅威はない、と同関係者は言い、さらにこう続けた。

「そもそも規模が違う。また、欧米をはじめ、日本ではあまり需要がないからだ。中国は、先進国と発展途上国とで対応を変え、それぞれに別の公的装いのスパイ機関を設けているとみられる」

ただし、事が公になりつつある以上、今後はまた別の組織を立ち上げるとみるのが妥当だ、と付言し、これから起こり得る事態を懸念した。

一方、孔子学院。こちらも、あれこれやっていることがわかった。2024年1月のことである。

中国の工作機関「孔子学堂」ヒット小説「神様のカルテ」のモデル病院に！

ここに一葉の写真がある。

小会議場のような部屋で長テーブルをロの字に並べ、一番奥にひとり座る講師の中国語の授業に耳を傾ける面々……。

どこかの市民ホールで開催された文化教室のワン・シーンであるかのようだが、実はここ、信州・松本に本拠を置く大病院の関連施設なのである。

開催されているのは「長野県日中友好協会ラジオ孔子学堂」（略称は「長野ラジオ孔子学堂」）の中国語講座。2021年4月、長野県日中友好協会と中国伝媒大学（中国コミュニケーション大学）が連携し、中国語の普及や中国文化の紹介などを目的に開校されたものだという。

病院はというと、この地域最大規模の民間病院である相澤病院。2012年にがんの最新治療とされる陽子線治療を行う施設を導入したことや、映画やテレビドラマにもなったヒット小説『神様のカルテ』のモデル病院であり、映画にも登場したこと、またスピードスケートの金メダリスト・小平奈緒がスポーツ障害予防治療センターでスタッフとして勤務しているなどで知られる病院でもある。

そして、孔子学堂と言えば、中国の宣伝・工作機関たる孔子学院の職場版だ。世界各国の大学等と提携して中国語や中国文化にかかわる教育を表看板に工作を行う孔子学院に対し、こちらは主に職場の職員を対象としているが、いずれも中国の教育部の指導下にある。中国を主導している共産党は「中国の外国におけるプロパガンダ組織の重要な一部」と公式に認めてもいる。

それにしても、いったいどういった経緯で有名病院の関連施設に、そういった学校を開校したのだろうか。

調べてみると、同病院が長年にわたって中国と交流しており、深い関係にあることがわかった。病院を傘下に収める医療法人の前常務理事・塚本建三によれば、交流歴は30年近くにも及ぶという。

そもそものきっかけは、1996年、松本市の姉妹都市となっていた中国・廊坊市の衛生局長や人民病院の院長ら医療関係者が視察団を組み、信州大学を皮切りに同病院にも来訪したことだった。これを機に、相互交流が始まり、廊坊市人民医院の医師や看護師に研修等を実施したほか、希望者には日本語学校を経て看護師資格を得たのち病院で受け入れるといったようなことも行うようになった。また、2015年にはリハビリ医療の管理運営を行う相澤（北京）医院管理有限公司を設立。中国内での活動も開始している。医療法人代表の相澤孝夫が松本日中友好協会会長であることも判明した。

こうした事態に、日本国内における中国の工作に目を光らせていた公安当局が反応。背景を数回にわたって探ったという。

関係者が語る。

「結論から言えば、留学生名目で日本にエージェントを送り込んでいる教育部主導のミッションのひとつとみられる。『孔子学堂』が教育部の管理下にあるのは周知のことだが、今回の件で連携している中国伝媒大学も教育部の手足。こうした大学を絡ませた方が、いろいろな意味でやりやすいと踏んでのことだろう」

中国伝媒大学は新聞、テレビなどのメディアで活躍している者たちの登竜門となっている最高学府ながら、教育部直轄の国家プロジェクトに組み込まれた重点大学のひとつだ。1995年に「21世紀に向けて中国の100の大学に重点的に投資していく」として計画された「211工程（211プロジェクト）」に選ばれたほか、1998年には「世界で通じるよう大学のレベルを引き上げるべく、『211工程』の中から厳選した学校に重点的に投資していく」として発動された「985工程（985プロジェクト）」にも選出。さらに、2017年、「21世紀中葉に高等教育強国を築き上げる」として開始された「双一流」なる計画、すなわち「世界一流の大学、一流の学科」を目指す計画にも参画している。言うなれば、教育部の出先機関のようなものなのである。

ただ、当局の捜査では、危険な工作を担うエージェントの出入りや、それらの人物との通信記録などは確認できていないという。

とはいえ、これをもって安閑としている場合ではないようだ。

「捜査攪乱《かくらん》あるいは妨害のためにわざわざ目立つようなことをして、もっと重要な工作の盾になっている、そうした〝フェイク〟のためのミッションである可能性がある」

公安関係者は、そう付言した。

数々のミッションを実行しているとみられる教育部に関しては、当時、その工作ぶりが日米間でも水面下で話題になっていた。前述の潜入工作員養成機関と米国が認定した日本語学校のことだ。

「日本語学校の成功で党中枢から評価された教育部は、『孔子学院』などをもテコに留学生を送り込むようになった。2005年あたり以降、日本各地の大学などで軒並み開校されている。最近は、さらに活動の場を広げようとしているとみられる。相澤病院は、そのテストケースのひとつとみられている。現時点では大きな問題は確認されていないものの、さて、これからどうなるか。

実は、相澤代表が在籍したこともある信州大には、公式には孔子学院は開校されていないが、水面下で講座が設置されており、ここには重点マーク対象の工作員らが出入りしている。相澤病院が、このための〝フェイク〟であるとすれば、さらなる動きがあるとみられる」

同関係者は、そう語った。

相澤病院は、取材に応じなかったものの、〝神様のカルテ〟がいま、赤く染まりつつあるのでは……。案じられてならない。

孔子学院の活動は、相も変わらず活発のようだが、そうしたなか、別の衝撃的な工作が露見した。しかも、そこには国会でも名指しされた大物工作員が登場していたのである。

学習院に「チャイナスクール構想」背後に国会でも追及された大物工作員か

「学習院大学内に『チャイナスクール』を設立する構想があるが、ここに中国の大物工作員の影がちらついている。非常に問題だ」

中国共産党中枢に通じる人物は、そう語るのだった。

この計画が露見したのは、2024年2月。教育界ばかりか実業界、さらには政界関係者の間に、こんな文書が出回り、話題になった。

〈中國富裕層子弟を受け入れている日本語学校と有名私学・学習院とのリンクです。学習院側とは野田（仮名）御学友を窓口にリンク作業を始めました（中略）まずはインターナショナルスクールの形で幼稚園から初等部を学習院大学内敷地に設立することを目標とします〉

実業家を経由して文書を目にした政界関係者は、憤慨を露わにした。

「これは驚き――というか大問題だ。天皇陛下のご学友が中国のエージェントみたいな奴と組んで、学習院の敷地内に中国系の教育機関を作るなどということをしているとは！」

同関係者によると、文書を書いたのは、中国の企業家らと交流があり、何度も中国を訪れるなど同国とのかかわりが深く、かねて「中国のエージェントではないか」とささやかれていた人物だという。

氏名は、佐々木光男（仮名）。新聞社勤務を経て教育事業に参画。日本語学校を運営している教育グループの常勤顧問などを務めている。

こうしたことから、中国版の「インターナショナルスクール」——言うなれば「チャイナスクール」を作ろうという動きを始めたとみられるが、そこに有力な援軍が現れ、計画が具体化したという運びのようだ。

その援軍とは、学習院とゆかりのある天皇陛下のご学友とされる野田信弘（仮名）だ。調べてみると、天皇陛下と同年齢で、学習院で机を並べた仲であり、現在も親交があることがわかった。自身のホームページでは、こんなことを記している。

〈今上陛下とは、小学校から大学院までのご学友。卒業後も親交は続き、その後も家族ぐるみの親交を賜っている。

結婚後、個別学習塾を立ち上げ、現在も中高校生の英語・数学を担当しながら、皇室・教育・防衛問題の評論活動を行っている〉

これを見ると、〝皇室〟〝教育〟を軸に仕事を展開していることがわかる。そこで、佐々木と手を組み、自身の母校でもある学習院に「チャイナスクール」を開校しようということになったのだろうが、それにしても驚きだ。背後関係も気にかかる。

そこで、それぞれについて公安関係者に話を聞いてみた。と、こんなことを語ったのである。

「佐々木は、中国の企業人や日中をつなぐ団体の関係者らと交流を重ねているような人物だけに、要注意だ。

一方、野田は、さらにだ。ルーツをたどると、父親に行き着く。1970年代以前、まだ共産革命運動が盛んで、北朝鮮も工作活動を活発に行っていた頃、北朝鮮の日本における重要な拠点であったホテルの営業マンであったことから、同国と近しくなったことが確認されている。以来、マーク対象となったが、こうした関係が息子にも引き継がれた。近年は北朝鮮経由で中国にも接近している」

佐々木はもとより、野田にも別の顔があるというのだ。

だが、野田は、そういった気配は微塵たりとも見せずに、有料の座談会を頻繁に開き、天皇皇后陛下らと一緒に撮った写真を披露しつつ、皇室の裏話などをしているともいう。「天皇陛下から愛子さまの結婚相談を受けた」といった発言も確認されているとのことだ。

これが意味しているのは、天皇陛下との関係を活かし、学習院に「チャイナスクール」を開校しようという中国の工作が進行中とみられることである。由々しき事態だ。

そこで、計画がどの程度進んでいるのか、また中国とはどんな関係にあるのかなどについて、関係各者に話を聞いた。

　まずは計画を喧伝《けんでん》している佐々木。

「架空の話。あり得ない。（中国大使館の教育部の人間を）昔は知っていたが、この話とは関係ない」

　と否定するものの、計画のキーマンとされる野田は、

「話は聞いたことがある。佐々木さんは、学習院だけでなく、慶応や早稲田、青学や立教といった有名私学に『チャイナスクール』を作りたいと言っていた」

　と言うのだった。だが、自身のこととなると、やはり否定。

「わたしは、関係はしていない。学習院とやり取りしていることもないし、それ（文書の記述）は、虚偽だ」

　中国との関係についても、「在日大使館の教育部の人間と会ったことはない。そもそも大使館には足を踏み入れたことさえない」としたうえ、公安当局のコメントについても「まったく違う」と切り捨てた。

　一方、学習院は、こう答える。

「計画については、存じ上げておりません」

大物工作員が公然と仕掛ける日本の根幹への攻撃

これらの証言からすると、計画は構想の域を出ていないと安堵してしまいそうになる。だが、そうではないようだ。先の公安関係者が語る。

「留学生を送り込んだり、親中の学生を育成したりして日本の最先端の技術や知識などを窃取しようという中国の工作——いうなれば『教育工作』のありかたが、変わりつつある。これまでは目立たぬようにしてきたが、いまや公然と、権威のある人物や法人などを利用してとの新指針が打ち出された。学習院の『チャイナスクール』は、その象徴事例のひとつとみられる。架空の話などではない」

同関係者は、先に記した相澤病院の孔子学堂の例も挙げたうえ、こう断じた。

「学習院の件は、難航しているようだが、着々と進められているミッションだ。野田や佐々木は、それに巻き込まれ、うまく使われているとみられる」

こうした最中、冒頭の発言が飛び出したわけである。

証言者は、こう続けた。

「佐々木が関係のある教育部の人間とは、大物工作員だ。数年前、その人物から佐々木を紹介され、一緒に飯を食ったことがある。ふたりは昵懇。つまり、学習院の件は、この工作員によるミッションということではないか」

同者によると、大物工作員とは、王行虎。１９８３年に中国のＣＩＡとも呼ばれる国家安全部から在日中国大使館に派遣され、一等書記官として1990年まで教育部に所属していた工作員である。

大使館派遣の任務を解かれると、一時、帰国したものの、すぐに日中間を頻繁に行き来し、政財界やマスコミに接触。対日工作を積極的に行い、やがて日本企業の中国進出にかかわるコンサルや輸出入に関する事業などを行う会社を設立し、代表取締役に就任した。

その存在が公になり、注目されたのは2012年。中国軍の情報機関・総参謀部第二部から一等書記官として在日中国大使館に派遣され、政界工作を行っていた工作員・李春光が実質的なスパイ容疑で警視庁公安部に摘発された事件にかかわっていたことが、国会で追及されたのである。

にもかかわらず、この時期に日本の在留許可を得て、日本に移住した挙句、2014年から15年にかけては再びその名前が取り沙汰されることになった。今度は、競売にかけられた朝鮮総連の本部ビルの売買にかかわる件に絡んでのことであった。最終的に買い取ったのが、王の会社で共同代表を務める人物が経営する会社であったからだ。同社は、買収後、朝鮮総連との賃貸契約を交わしており、要するに競売逃れに加担したわけである。この売買を裏で取り仕切ったのが王で、中朝のスパイ人脈を駆使してのこととされている。

その後、王は、習主席が増強した統一戦線工作部に移籍。その工作員として活動しているため、現在は日本だけでなく世界各国からマークされているという。

ちなみに、習主席は、統一戦線工作部について2014年に「魔法の武器」と述べ、その前後に4万人以上の組織へと拡大。2015年には部内に「領導小組（中央指導グループ）」を設置し、自らそのトップに就任し、さらに、2017年の党大会では「統一戦線は党の事業が勝利を収めるための重要な切り札」と宣言までしている。

こうしたことを踏まえ、王の動向について尋ねると、先の公安関係者は、こう語った。

「日本に定住した王は、懲りずに大掛かりな工作を手掛けてきたわけだが、習近平肝煎りの統一戦線工作部に移籍後は、沖縄工作に注力。自ら中国系の住民——琉球王国時代に中国から渡ってきた人たちにルーツを持つ人物らに接触し、中国に招待などしている。目的は琉球民族の自決、すなわち沖縄独立だ。これと同時に、米軍基地に勤める軍属——やはり琉球王国時代の渡来人の系譜にある面々にも接触し、情報工作を行っている。

また、複数の企業人や工作員らを傘下に収め、ハンドラー（管理官）として活動していることも最近、判明した」

傘下の実業家のひとりは、医療系の企業を経営しつつ、その技術を中国に移転するかたわら、王の意を受け、沖縄にも関与。独立運動にかかわっている面々とつながり、資金面ほか、バックアップをするようになったという。

また、食品関連の事業を営む別の実業家は、沖縄の財界人に直接・間接を問わずアプローチ。親中ムードを醸成するなどしているとされるが、王のネットワークは、これに止まらない。

公安関係者は、さらに続けた。

「中国から一本釣りされた日本人工作員の存在も明らかになった。ひとりは、シンガポールなどで中国の諜報機関から工作員教育を受けて養成された公認会計士。もうひとりは、ハウステンボスの買収にもかかわった工作員で、ベテランだ。投資名目で沖縄の不動産の買収を行っており、ゆくゆくは、そこに中国人を移住させて独立運動をバックアップさせる計画のようだ」

まさにいくつもの工作を指揮している現役の大物工作員だと言うのである。

国会で追及された大物工作員が、いまなおのうのうと活動し、あろうことか皇室とゆかりの深い学習院にまで、その手を……。

王は、取材要請を拒否しているが、この関係者が京都の老舗割烹旅館を買収していたことが、ほどなく判明した。

京都の老舗割烹旅館を買収その背後に習近平が……

2024年4月、王のさらに上の存在が明らかになった。

公安関係者が語る。

「氏名は、林鵬（仮名）。中央統一戦線工作部最上級工作員として対日工作の責任者だ。外交旅券を3通所持しており、世界各国を往来。それぞれ重点マーク対象となっている。

近年は、不動産買収に注力。京都市内では、老舗割烹旅館などを買収している。旅館の現所有者は別の会社になっているが、これは、林が資金を出し、2010年代に旅館を買収した会社のダミーとみられている。なお、林の会社はタックスヘイブンの英領バージン諸島に本社を置くマネロン会社の海外子会社とされるが、マネロン会社には習主席が関係しているようだ。

さらに、最近は娘を使って、沖縄を含め、日本各地の不動産を買い漁っている。中国が強い関心を示している京都では、朝鮮学校の敷地や、駅周辺の土地の買収に力を入れている」

京都での不動産買収では、在日韓国人らを協力者として運用していることも確認されたとした。

不動産と言えば、東京・晴海の有名物件も俎上にのっている。

キーボックスの怪 実は中国工作員が！

2024年6月、東京五輪の選手村を改修した高層マンション群・晴海フラッグ周辺のあちこちに、内部に鍵を保管するキーボックスが無許可で設置されていることが話題になった。民泊のためか。それとも不動産会社が部屋の内覧に立ち会わずに済むように設置したものなのか。あるいは……。

不可解な「怪事象」を前に数々の説が流布されている最中、深刻な証言が寄せられた。

公安関係者が語る。

「あれは中国の工作員が利用できるように設置されたものだ。複数の工作員を追うなか、明らかになった。工作員は、キーボックスから鍵を取ると、あらかじめ知らされていた部屋に向かい、入室。そこで、ホテルなど監視カメラのある場所で会うには不都合のある人物と接触し、手短に情報を交換してすみやかに部屋を後にする。いわゆる『フラッシュコンタクト』の場として使っている。

ただ、例外的に長時間、あるいは何日も滞在することもある。この場合、部屋から見える特定の場所――工作対象者の居住する部屋とみられるが、そこを監視している」

「怪事象」の正体は、実は国を脅かす諜報工作であったとするのだが、これは晴海フラッグに止まらないとも言う。

「数年前から中央区、港区のほかの高層マンション周辺で同様のことが確認されている。いずれの部屋も、退室後、室内を入念に調べてみると、指紋が一切ない。正体がばれることなどを警戒している証左。まさに密会あるいは監視の場だとわかった」

同関係者は、そう付言した。

ウオーターフロントの人気マンション群のなかで中国工作員が暗躍している――。

この晴海の件にもかかわるのだが、中国の〝留学工作〟が半端なものでないこともわかった。

小中高、さらに保育・幼稚園、進学塾まで日本に浸透する中国人

「中国人の学校への浸透というと大学ばかりが問題にされてきたが、いまやそれどころではない。小学校レベルに至るまでという深刻な状況だ」

2024年8月、公安関係者が、そう警鐘を鳴らした。

大学については、これまで書いてきたとおりだが、直近の情報によれば、東大の中国人留学生数は3400人に上るという。潜入がさらに加速したわけである。だが、加速は、これに止まらなかった。実はこうしたことと並行し、別の〝浸透工作〟が進行していた——。

調べてみると、数年ほど前、公立小学校に数多くの中国人が在籍することが話題になっていた。当時の報道によると、横浜市内の小学校では全校児童数740人のうち中国人が307人。全体の約4割を占めているとされており、しかも「1年間に約1クラス分、30人くらい増えています」との校長の談話も紹介されるなどしたため、多くの耳目を集めたのであった。

そして、現在はというと……。

小学校が都心を中心にさらに数を広げたばかりか、中学校、高校への留学生らも激増してい

ることが判明した。

「小学校については、教育環境のいい文京区の公立小学校が注目の的だ」

と政府関係者が語る。

「区内に中国人が好むタワーマンションが増えたこともあろうが、公立小学校への入学を目当てにわざわざ文京区を選ぶ中国人が急増。小学校は、その対応に追われている」

他方、中学校や高校でも急速に中国人が増えているとも言う。

同関係者が続けた。

「中学や高校での中国人受け入れは以前は少なかったが、小学校の生徒数増に伴い、最近では全国的に広がっている。なかには全生徒の半数が中国人という高校もある」

英国の伝統的なパブリック・スクールを手本としつつ、文武両道を標榜《ひょうぼう》し、甲子園常連の野球部なども擁する中高一貫校・明徳義塾中学・高等学校（高知県）も200人もの生徒を受け入れているという。

「欧米に比べて学費が安い点が、こうした傾向に拍車をかけている」

同関係者は、そう付言したが、同様のことが小学校と中高とを結ぶ塾にも当てはまるのか、ここでも中国人激増の現象が確認された。

塾関係者が明かす。

「中学受験の4大塾とされるSAPIX、早稲田アカデミー、四谷大塚、日能研では、ここ最近、中国人が増えているが、なかでも難関校の合格者数を誇るSAPIXは多い。何百人も在籍している。ある校舎など4人にひとりは中国人だ。結果、筑波大学附属駒場や開成、桜蔭といった名門校に進学する者も少なくない」

まだある。保育園・幼稚園だ。

「中国人が殺到している『晴海フラッグ』にある保育園・幼稚園がいま注目されている」

先の政府関係者が語った。

「今年4月に『渋谷教育学園晴海西こども園』が1歳児以降を対象に開園したのだが、『渋谷教育学園』と言えば、難関校で知られる『渋幕』こと渋谷教育学園幕張中学校・高等学校（千葉県）、『渋渋』こと渋谷教育学園渋谷中学高等学校（東京都）を擁する教育グループ。園の卒業生にはこれらの系列中高への進学において一定の配慮をするとしているため、なおのこと中国人の関心が高い」

「渋幕」「渋渋」は東大・京大をはじめとする国内の難関大学だけではなく、海外の有名大学にも合格者を輩出している名門。それゆえ、生まれてすぐこのルートに乗せようと考える中国人も少なくないと言うのである。

日本の教育界がこれほど中国人に席巻されていようとは――。まさに看過でない深刻な状況と言わざるを得ない。

「幼児期からスパイを養成しようという長期的な工作だ」

先の公安関係者は、さらに警鐘を鳴らした。

中国人の居住や留学が一概に悪いと言っているわけではない。だが、その背後に中国政府の思惑があり、それを具現する法律などもあるとすると、やはりこのまま放置しておくわけにはいかない。

第四章 罠

――ハニートラップ、カネ、クスリ……

ハニートラップに日本の芸能人、モデルを利用？

まさか⁉

いいえ、これも現実。

中国のお家芸とも言えるハニートラップの〝進化系〟をはじめ、カネやクスリまで駆使した工作事例を列挙していく。

情報化時代でも健在
進化する中国の「ハニートラップ」

「したたかな奴でね」

2021年5月、公安関係者は、かつて諜報の世界で衆目を集めた中国の大物女性工作員について語ることから、話を始めた。

「永住資格を得て家族と日本で暮らし、日本名の通称も使用していたため、しばらくの間、まったくのノーマークだった。だが、実は中国政府の特命を受けて日本に潜入し、一大スパイ網を操った大物スパイだった。自身は、手を染めなかったものの、ハニートラップを得意とし、数々の工作を手掛けてきた。スパイ網を支えるための資金獲得活動にも余念がなかった。大したタマだったよ」

この大物工作員、公安のファイルでも通称である日本名が採用されているので、仮に村田恵子としておこう。

村田は、1961年中国瀋陽市で生まれた。父は、人民解放軍の情報将校で工作員養成を担当していた。母も同じく軍の工作部門の語学担当者であり、言うなれば工作員の家庭に生まれ、育まれたエリート工作員である。

大学で日本語を学んだ村田は、卒業後、1985年に日中友好団体のつてを頼って来日し、東京外語大学の研究生となった。その際、同じく中国から留学していた男性と知り合って結婚。その後、両者とも日本で就職した。そして、一男一女をもうけて永住し、日本社会に溶け込んでいった。

当局の目を引くことはほとんどなかった。目立った活動と言えば、在日中国大使館の依頼を受けて日本の経済人らが訪中するのをアシストしたり、中国から訪れた要人らのために通訳を務めたりする程度のことであった。

ごく普通の一般人のベールをまとって遂行された数々のミッション、その華々しい功績が表立つことは一切なかった――。

そのベールが剝がされ、正体が露見したのは、来日してから20年以上も経過した2007年のことだった。

浮かび上がった上海領事館員の自殺とイージス艦情報漏洩事件との関係

端緒は、2004年に発生した上海領事館員の自殺事件と2007年に発覚したイージス艦情報漏洩事件だった。この一見するとまったく別個に見えるふたつの事件が交錯し、焦点として浮かび上がったのが村田の存在であった。大物工作員として日本だけでなく国際的にも注目されていることも判明した。

経緯を明かそう。

事の始まりは、自殺した領事館員が生前に書き残していたメモであった。膨大なメモをひとつひとつ分析していくと、注意を要する人物の氏名に行き当たった。かつて日本から強制退去を受けた経歴がある、中国の有力工作員のひとりと目されていた人物だ。メモの内容からすると、領事館員は、この人物を日本に再入国させるべく便宜を図っていたとみられた。

公安当局は、外務省や入国管理局のデータを洗い、それが事実であることを確認した。同時に日本での所在や連絡先なども把握したが、身柄拘束などは行わず、泳がせることにした。その結果、頻繁に連絡を取っている相手として村田が浮上したのである。

それからしばらくして、村田の存在が思いもよらぬ方面からクローズアップされた。CIAおよび台湾情報部が大物工作員として日本に通報してきたのである。

いわく、

「（防衛の要となる）イージス艦に関する情報漏洩を行った海上自衛隊員の妻が中国人であり、

村田に情報を渡していたことが判明した」

というのだ。

通報には、その証拠としてなぜか日本国内の通信記録も添付されていた。すっかりと先を越された形の公安当局だが、遅ればせながら村田の通信記録などを確認すると、事実と裏付けられた。村田を中心としたネットワークが見えてきた瞬間だった。

公安当局は、捜査活動を活発化した。その結果、村田が指揮するスパイ網のほぼ全貌が明らかになると同時に、それを維持するための資金獲得活動についても把握するに至った。

公安関係者が語る。

「村田が東京都文京区内にある病院に定期的に出入りしていることがわかり、関係者らの通信傍受・行動確認を始めたところ、この病院が中国製のがん治療薬を用い、自由診療で数千万円単位の治療費を請求するがん治療を行っていることが判明した。

また、この治療は医学会では評価されておらず、患者とのトラブルが存在することも明らかになった。厚生労働省に確認すると、中国では承認されている治療薬ではあるものの、正式な手続きを経ての輸入ではないこともわかった」

当局は、村田を密輸の容疑で身柄を拘束しようとしたという。だが、その矢先、折悪しく保健所が病院に立ち入り検査に入ったため、村田は、国外へ逃亡。行方をくらませてしまった。

海外へ逃亡後にわかった女性工作員の数々の工作

代わりに当局は、村田の周辺者や連絡先を徹底監視した。すると、村田のネットワークが健在であること、村田のこどもたちがネットワークを運営していることが判明した。

村田の片腕と見られる親族以外の日本人女性の存在も特定。また、過去の通信記録や資料を分析するなか、数々の進行中の工作事案や過去の工作実態も明らかになった。

以下がその主なものだ。証言は、すべて公安関係者のものである。

・1990年3月、中国人マッサージ嬢が外務省職員のID（身分証）を盗み、それが悪用されていたことが発覚した。マッサージ嬢は、中華街の世話役（通称パパ）を介して、そのIDをスパイ工作の中継役である領事館の書記官、そしてスパイマスター（スパイの管理官）たる大使館の公使に渡した。それが村田に届き、村田は、配下を外務省大臣官房の職員になりすまさせ、省内や関連外郭団体を訪問させて日台間の経済貿易協議の資料をコピーし、持ち出させるなどした。

「村田は、コピーを公使に渡し、公使は、本国へ報告。協議内容のひとつに、原子力分野の技術者交流を含めた電力分野での技術協力の項目が挙げられていたため、ただちに李鵬首相（当時）から社会党を経由して自民党に抗議が発せられ、その結果、この項目は削除された」

・1991年5月、尖閣諸島周辺における中国海軍の活動捕獲率が急激に落ちたことを自衛隊が調査している最中、米軍から自衛隊の哨戒活動の作戦計画が中国に漏れている、との通報が自衛隊に入った。
「海上自衛隊幹部より不審者が侵入した可能性があるとの通報を受け、防衛庁内の監視カメラ等をチェックしたところ、村田の周辺者が入り込んでいたことが判明した。周辺者は、すでに中国に帰国してしまっていたが、捜査を継続した結果、東京・新宿の中国人パブのホステスが防衛庁職員の入門証を盗んでおり、それが使用されていたことがわかった。1990年の外務省の事件と同じく、それが村田の手に渡り、工作がなされたわけだ」

・1993年4月、中国人鍼灸師《しんきゅうし》が対共産圏輸出品規制の担当者である通産省（現経済産業省）の係長と頻繁に会食するなど、親密な交際をしている、と米国が警察当局に通報。
「係長が捜査情報などを鍼灸師に漏洩し、それが外国人ビジネスコンサルタントに流され、摘発直前に輸出がキャンセルされた。鍼灸師は急遽、帰国したが、捜査情報の伝達に村田が介在していたことがのちに判明した」

・2001年11月、自衛隊ＯＢを中国人らで構成される風俗店経営に参画させ、現役自衛隊員から情報を集めようと村田が工作していたことが確認された。

「最終的にうまくいかなかったのが幸いだ」

・2008年8月、違法ながん治療に関わった者たちを監視した結果、再生医療の雄・山中伸弥京都大学教授（当時）へのスパイ工作を村田が手掛けていたことが判明。
「遺伝子研究のトッププランナーを目指す中国は、全力をあげて遺伝子研究の技術情報を収集するよう指令を発した。大使館経由で命を受けた村田は、京都大学の有力教授の妻が中国人であることに着目。大阪総領事館主催のパーティーの場などを利用し、妻とコンタクトを果たし、それをきっかけに会食等を重ね、親密交際へと発展させた。そのうえで、山中教授の研究の進捗状況、研究の協力者氏名、協力内容、関係する企業名、さらに実験データの入手にまで成功した」

・2010年春、村田が中国国内から指示を出し、がん治療を再開していたことが明らかになった。それと同時並行で自衛隊員への工作も活発化し、自衛隊員の再就職を餌に情報網の整備にいそしんでいることもわかった。
「飲食店に厚遇で就職させ、その店に現役の自衛官を招くよう工作したほか、旅行会社に就職させるケースもあった。その場合は格安の中国ツアーを餌に現役自衛官に接触させ、中国旅行へと勧誘させている。また、自衛官を優遇するスナックなどを開く工作も行っていた」

以上のようなことを、村田は、要所、要所でハニートラップを効果的に使いながら実行してきたというのである。

さまざまな政治家や大物がハマったハニートラップ

公安関係者は、こうした件を皮切りに、これまでに物議を醸してきたハニートラップ事件についても言及した。代表的かつ有名なものとして挙げたのは前述した橋本龍太郎元首相の事例だったが、ほかの政治家のケースにも触れた。

奇しくも橋本が訪中していた1988年、日中交流の目的で北京を訪れていた別の政治家が罠に掛かった。滞在先のホテル『西苑飯店』内のバーのウエイトレスに声をかけられ、誘われるがままに、甘言に乗って自分の部屋に連れ込んでしまうが、その1時間後、ウエイトレスが部屋を出た直後に中国の警察組織であり、諜報部門も持つ公安部の面々が部屋に踏み込み、摘発。事情聴取に及んだものの、政治家であることと訪中の趣旨を確認のうえ、不問としたのだった。

しかし、この一件は在中国日本大使館に伝わり、のちに警察庁にも報告された。警察庁は、在中国大使館をはじめとした在外公館に派遣される警察職員らへ警鐘を鳴らすべく、一連の事情を資料化した。資料は各公館内で密かに周知されたとされるが、似たようなことは、その後も水面下ながら何度もあったという。

大々的に露見した事例も列挙しよう。

たとえば、先にも触れたが、2004年には村田にも関係があった上海総領事館員の自殺事件が発生。この館員は、総領事館からほど近い『かぐや姫』なるカラオケ店——実態はホステスを連れ出す形での売春クラブに足を踏み入れたことをきっかけに、店をコントロールして情報を集めていた中国の公安部の手に落ちた。公安部は、売春の容疑をちらつかせて、館員に情報を求めたのだった。

館員は、総領事館の館員すべての氏名や役割、またそれぞれが会っている中国人の氏名、さらには外交行嚢《こうのう》（外交上の機密文書などを入れた袋や貨物）を送る飛行機の便名などについての情報まで求められ応じたものの、次第にエスカレートして行く要求を前に、遺書を残して総領事館内の宿直室で自ら命を絶った。その後、この事件はマスコミで大きく取り上げられたのである。

ところが、その2年後、この『かぐや姫』に海上自衛隊上対馬警備所の一等海曹が通っていたことが発覚した。一等海曹の自宅からは、『かぐや姫』の女性店員からの手紙とともに、上対馬警備所周辺を航行した艦船や潜水艦の写真を集めた内部情報のコピーが見つかったのである。また、一等海曹が無届けで上海に頻繁に渡航し、71日間も滞在していたことも判明。同様の機密情報を上海に持参のうえ、漏洩していたものとみられた事件であった。

公安関係者が続ける。

「それから数年後にも、外務省高官が『北京の銀座』とも言われる王府井の高級クラブに足繁く通っていたことが公になった。軍の情報機関が関係している店だが、こうしたことは氷山の一角。ハニートラップ事件は、中国内に限らず日本国内でも秘されたまま、なおも多発している。とくに身近な国内は要警戒だ」

日本語にすれば「甘い罠」と呼ばれるこの手の工作。それだけに人を惹きつける威力があるのはわかる。しかし、公になった事件をはじめ、公安関係者が指摘しているように「多発」となると巷間《こうかん》伝わる情報もあり、罠に掛かる者も減りそうなものだ。にもかかわらず、そうはなっていない。なぜなのか。

実はそれを見越して、中国はやり方を変えたのだという。

ハニートラップの舞台は大型クルーザー、相手は芸能人やモデル

「いまやもっと洗練され、かつ魅力的な方法を採用している」

公安関係者は、そう語り、「少し前のものだが」と前置きのうえ、ある資料を提示した。そこには、いくつかの場面が活写されていた。

〈東京湾を優雅に漂う大型クルーザーの船上は、芸能人やモデルらのきらびやかな姿で華やいでいた。ワインやシャンパンのグラスを片手に、ブランドもののスーツに身を固めた男性らの間を行き交い、軽やかな笑い声を上げる――〉

場面が変わって、都心のシティホテルのバー。

〈壮麗な夜景を前に、日本の有力企業社長と肩寄せ合うのは、中国現地法人から転籍してきた妖艶な女性であった。進取の気性に富み、さまざまなスキームを組み立て、積極的に動く、とのビジネス評価とは裏腹のムードが漂う。先頃まとまった仕事の慰労をかねての歓談の席であるはずにもかかわらず……〉

「いずれも、中国によるハニートラップの事例だ」

公安関係者は、そう言って続けた。

「彼らの手法は、最近、めざましい進化を遂げている」

前者は、日本の芸能人、モデルらを巻き込んだ新手法で中国人女性の代わりに彼らを利用したもの、そして、後者は、ビジネスパートナーとして利用できそうな企業に入り込む手法なのだという。

同関係者は、こんな解説をした。

「こうした新手の手法がいま政治家、官僚、自衛官、企業家、医師、研究者、技術者、メディア関係者……と、中国にとって有用な、すなわち利用できる情報を握るなり、それにアクセスできるなり、あるいは中国にとって好都合な行為を強要できるなりする人物すべてを標的として適用されつつある。

前者の場合、餌として差し出されているのは善意の第三者とみられる。実際、背景事情など何も知らないケースが多い。もっとも、まったく無邪気というわけではない。そういったタレントやモデルの多くは、ギャラをもらって体を提供している。他方、こうしたパーティーを差配する中国人女性は、ターゲットに男女関係を結ばせたのち登場し、機密を要求したり、特定の行為を強要したりする。日本の選りすぐりの美女を利用した美人局《つつもたせ》のようなものだ。

後者の場合は、当初は利益の大きいビジネスで惹きつける。だが、次第に男女の関係を形成し、抜き差しならぬ状況へと持ち込んで要求を呑ませる。

いずれも危機感を抱かせることなく、自然に近づかせ、取り込んでしまうだけに、始末に悪い」

洗練された高度な手法であるため、罠に陥ってしまう公算が非常に高い、と言うのである。

中国内でも徐々に採用されつつあるとされるが、公安関係者は、こうした新しいタイプのハニートラップによって実行に移され、成功した工作事例をいくつか詳述した。

船上パーティーで、時の首相を騙って、信用させる手口

ひとつは、安倍政権時代の首相にまつわる情報工作だった。船上のきらびやかなパーティーといった類の催しの目的は、公にされることのない政治情勢や外交情報、企業機密や最先端医療技術など多岐にわたるが、日中の利害対立が顕在化している昨今、政権の粗探しやダメージ工作も含まれているのだという。

公安関係者が語る。

「ある時の船上パーティーに中国人富豪が招かれたことがあったのだが、その際、安倍首相が友人らと撮影した写真が悪用され、この富豪から投資を引き出すための材料として利用されたという事件が発生した。

これは明らかな仕込みで、富豪は、パーティーの席で首相と一緒に写真を撮ったという人物を紹介され、その写真を見せられるなどして歓談したのちに、グラビアアイドルを紹介され、肉体関係を持ったのだが、しばらくすると首相と写真撮影した人物から巨額の投資を要求されて、応じざるを得なかった。一見、まるで美人局のような愚にもつかない話に見えるが、中国側にとっては、そうではなかった。『安倍首相の周辺者が一緒に撮った写真をちらつかせて、資金提供をさせている。国際的なタレント売春にも関わっている』として、軍の情報機関である連合参謀部やその出先となっている新華社などを使って、国際情報ロビーに喧伝《けんでん》した。これを聞いた各国情報機関は、仰天。なかでも同盟国である米国や友好国の台湾は、ビビッドに反

応し、懸念含みで日本に連絡を入れてきた」

　もうひとつの事例は、不動産企業による優良不動産の買収についてであった。

「実業家の父親のもとに育ち、若い時分から企業コンサルタントとして活躍していた妖艶な中国人女性が、中国に進出してくる日本企業相手のビジネスを手掛けるうちに大手不動産企業の現地法人幹部にスカウトされた。と、それを機に本社社長に接近を図り、社内のパーティーなどの場を利用して積極的にアプローチ。ついには個人的な関係を結んだが、実は中国のスパイだった。ズバリ言ってしまえば、中国政府が買収を考えている不動産取得の工作の先兵。

　社長を籠絡したこのビジネス・ウーマンは、いくつもの買収工作に成功した。最たるものは日本の右翼が中国資本による買収に反対していた物件を、まず自社に買収させ、しばらく寝かしたのち中国の息のかかった企業に転売させた案件。他愛もない目くらましのようなものだが、実際に物件は中国に渡っている」

　公安関係者は、そう語るのだった。大手不動産企業社長を手足のように使えたのも、高度な工作ゆえのことだ、と言うのである。

　同関係者は、さらに事例を挙げた。

「大学病院やがんの最先端治療を行っている病院に医師だけでなく、女性事務員を送り込むケースも最近まま見られる。公募に応じての採用ということも、もちろんないではない。日本人男性と一度、結婚し、在留資格などを得ている女性などが多いからだ。だが、中国出身であるとハネられることもあるため、たいていは有力な医師などの紹介で入る。船上パーティーなどを利用して知り合った医師のルートなどが利用されることが多い」

華やかなパーティーなどの場を設け、有力者を呼び寄せ、硬軟織り交ぜた工作の数々を実行しているのがいまの中国のハニートラップ事情であるようだ。

公安関係者は、こう付言した。

「情報化時代ではあるが、ITを駆使したハッキングなどの工作だけでは手が届かない部分がある。その点を中国はよく承知している。手抜かりはない」

対人工作に長けた中国。ゆめゆめ油断してはならない。

ハニートラップの手法を磨く中国は、防衛省の情報中枢にも数々の工作を仕掛けていた。

中国に狙われた情報保全隊員
自衛隊の士気低下が目立つ最中に……

「自衛隊のスパイ部隊を中国が狙っている」

公安関係者がそんなことを明かしたのは、2021年8月末。当時の自衛隊トップ・山崎幸二統合幕僚長が新型コロナウイルスの濃厚接触者と認定されたことが発覚した直後であった。

米軍が撤退を表明したのち政権が転覆し、混乱を極めていたアフガニスタンから邦人を退避させるための活動の真っ最中。しかも、その活動がその後、大失敗に終わることになったため、「こんな時にまたか」と自衛隊の体たらくぶりに対する批判の声が上がるなかでのことだった。

「自衛隊のスパイ部隊」と言えば、自衛隊の情報機関たる「自衛隊情報保全隊」（以下、情報保全隊）のことだが、こちらの評判も芳しくない。

同隊は2009年、自衛隊員らによる相次ぐ情報漏洩事件を踏まえて情報保全の強化を目的に、それまで陸海空の各自衛隊に分散されていた組織を統合して編成された専門の部隊であるにもかかわらず、世間では「市民のプライバシーを侵害する組織」といったイメージが強いのである。2021年6月、土地規制法の制定に絡んだ国会の審議の場でも、同様の指摘がなされている。

同法は、自衛隊や米軍の基地、海上保安庁の施設の周辺地域、国境近くの離島など、政府が安全保障の観点から重要だと判断したエリアの土地や建物の利用状況を調べ、持ち主を調査することを可能にするもので、運用には防衛省も関与するとみられたが、国会閉会直前に野党の反対を押し切り、成立した。これに対し、情報保全隊が市民を監視していたことが発覚し、裁判の結果、国が賠償命令を受けた過去の事例を取り上げつつ、野党議員が「採決を強行するなど断じて許されません」と抗議したのは記憶に新しい。裁判の原告団も「裁判で違法なプライバシー侵害と断定された住民への監視行為を合法化する法案だ」と足並みをそろえて反対し、注目を集めた。

だが、これは情報保全隊の活動のごく一部にすぎない。

公安関係者が続ける。

「情報保全隊は、過去の問題ゆえに大きく誤解されているようだが、実態は防衛省の情報部隊。主任務は外国のスパイらをターゲットとした防諜業務で、言うなればプロのスパイ・ハンターだ」

事実、同隊の活動を規定した防衛省の訓令では、とりわけ重きが置かれる防諜（カンター・インテリジェンス）についてこんな記述がある。

〈情報保全業務のうち、外国情報機関による防衛省・自衛隊に対するちょう報（盗聴、窃取、協力者からの情報収集等により、合法非合法を問わず防衛省・自衛隊の情報を不正に入手しようとすることをいう。）による情報の漏えいその他の被害を防止する〉

相対するのは、一般の市民ではなく、外国情報機関なのである。生半可なことでは遂行できないミッションだ。プロでなければできないことである。

ところが、そのプロが中国に狙われているというのだ。

「中国のスパイを追っていると、ある情報保全隊員と接触していることが判明し、衝撃が走った。中国の手に落ちているとしたら、進行中の防諜事案はもちろん、防諜活動に関連した訓練や技術、使用する機器や採用している手法など、何としても守らなければならない極秘の情報が窃取されている可能性が高いからだ。そんなことになれば、防衛省の情報保全体制は瓦解してしまう」

公安関係者は、そう懸念した。

防衛省情報本部の60代女性事務官が若い男性のハニトラに引っかかった

防衛省の情報保全体制の危機と言えば、やはり情報のプロ集団と言うべき情報本部がかつて中国に狙われ、それが表面化したことがあった。その際、慌てた防衛省は、事実の隠蔽に動き、どのような工作がなされ、どんな情報が洩れていたかも明らかにしようとはしなかった。だが、逆にそれが省内関係者の関心を呼び、結果、事の真相がおおむね暴露されたのである。

当時の関係者の証言によると、こんな状況だった——。

2013年2月16日夕刻、防衛省の庁舎玄関に持ち主のないリュックが放置されているのが見つかったことが、事の発端であった。

当初、発見した自衛隊員は不審物かと警戒したというが、外形のチェックから忘れ物との見方を強め、中身を確認したところ、職員のものであることがわかった。

所有者は情報本部に勤めていた60代の女性事務官。この女性は定年退職後に再任用され、外国文献の翻訳などを担当していたのだが、リュックの中から米国務省の定例会見を翻訳した文書が出てきたことから、騒動となった。

情報本部は、DIA（米国防情報局。国防総省の諜報機関）の組織を参考に1997年に設置された部門で、海外の軍事情報をはじめ各種情報を扱う日本最大の情報機関とされている。情報収集衛星の画像分析や傍受した電波の解析を行うなど国防に関わるセクションでもあるが、こうした機密情報に接触できる立場に女性がいたことがわかったからだ。

彼女はいったい何のために内部資料をリュックに入れていたのか。持ち出し、誰かに渡そうとしたのか。ほかに持ち出された資料はないか……女性に対する調査が始まった。

すると、この女性と、ある中国人男性の関係が浮上した。男性は年若き留学生。女性がよく立ち寄るスーパーでアルバイトをしていた。そんなある日のこと、突然降り始めた雨に女性が困っていたところ、留学生が傘を差し出し、ふたりは知り合った。2007年のことであった。

以後、女性は防衛省には申告せぬままに、この男性と逢瀬《おうせ》を重ねた。当人の弁によれば、翌2008年までに2回ほどということであったが……。

「交際経緯からすると、複数の工作員がかかわって入念に計画されたハニートラップだ。女性の行動確認を行い、ルーティーンを把握し、そのうえでスーパーに年若き留学生を配して接触の機会をうかがったのである。それ以外に、この不自然な出会いは説明しがたい。

別の見方をすれば、それほど重要な工作対象であったということだ。となれば、女性の弁明程度で関係が終わるとは思えない。終わっていたとするなら、それから5年も経って、内部文書を持ち出すはずもない」

省内の関係者は、そう語った。中国への情報漏洩はなおも進行中であったというのである。

しかし、肝心の調査は途中でストップ。これ以上の追及はなされなかった。しかも、防衛省は当初、任期満了による退職で事を済まそうとした。さらに、事がマスコミに漏れそうになっても、女性を注意処分には処したものの、なお公表は避け、ついに報じられることがわかってようやく公表したのだった。

同関係者は、こんなコメントを寄せた。

「情報組織の中枢に中国が手を伸ばしつつあったということは、どうあっても伏せておきたかったとみられる。それほどまずい事案だった証拠だ」

女性事務員は、外国情報機関による諜報活動などについて専門的な知識を有している、いわゆる〝情報のプロ〟ではなかったとされるが、それでも省内には激震が走ったというのだ。

今回の事件は、それ以来、初めて発覚した情報部門への工作事案と言える。まして、対象となったのは、プロのスパイ・ハンターだというから、その衝撃は計り知れまい。

もっとも、中国の工作詳細を確認するなか、ターゲットとされている隊員が、その後、退職していたことが判明した。ならば、大事には至らないのではないか――と断じかけたが、そうではないようだ。前出の公安関係者は、こう付言したのである。

「退職したとはいえ、情報保全隊にかかわる情報には通じている。もちろん知識や資料もあるだろう。しかも、現役の上司や同僚もいる。もう辞めているからと軽んじていたら、とんでもないことになりかねない」

その昔、「スパイには引退はない」と言った人物もいたというが、防諜の観点からすると、「スパイは引退させない」と言うべきなのかもしれない。

あるいは――。

日本にもいるスパイ・ハンター「特機」

過日、防衛省の極秘組織とされる「別班」が話題になったが、その厳格な秘匿のありようを、もっと広げていくべきであろう。「別班」は、その存在が公になるや、名称を変更したり、人員を削減したりしたというのが通説ながら、実は、それこそがフェイクだったとされている。

この点についての詳細は、2023年末に出版された『図解 自衛隊の秘密組織「別班」の真実』で記したが、一部改訂のうえ、抜粋しておく。

〈変貌し、凋落《ちょうらく》したかのように見える「別班」だが、「実はそうではない」との異論の声が上がった。

「一連の組織改編や名称変更は、それこそスパイ組織の十八番の偽装。あたかも『別班』が穏健で微弱な組織に変ったと見せるためのものだったのではないか。米軍と共同工作をする本来の『別班』は実はいまもある」

諜報関係者は、そう断じたのである。そして、こう続けた。

「創設来、脈々と続いている非公然組織で、関係者の間では『特機』と呼ばれている。米軍の要請に基づいて特別に機動することが呼称の由来とみられる。米軍基地から撤収したのちは目黒を拠点に極秘裏に活動している」

目黒には、「防衛省目黒地区」と呼ばれる施設があり、防衛省、統合幕僚監部、陸上自衛隊・海上自衛隊・航空自衛隊の調査研究・高等教育機関が集中している。陸上自衛隊は「目黒駐屯地」を構えているが、そこに正真正銘の「別班」の本陣があるというのだ。

ただし、確認はできない。数々の暴露に懲りた「別班」は組織の編成表からも存在を消してしまったからだという。

「存在しないものほど強いものはない。ある意味、何でもできるのだから。米軍との極秘ミッションにはうってつけだ。具合の悪いことがあったとしても、マスコミも国会も手の出しようがない。『特機』は、そのための組織だ」

同関係者は、そう語るのだった。

ちなみに、「特機」についても、あくまでも口頭で交わされる呼称に過ぎず、そのため、そもそもの正式名称である「特別勤務班」の略で「特勤」だと認識している者もいるようだ。

なお、組織の秘匿は警察の公安部門でも徹底されている。その部分も再録しておく。

〈諸外国とは異なり、不完全な情報工作を強いられている「日本のスパイ組織」ながら、それでもスパイとしての活動が身元を秘匿することから始まる点では変わりはない。ただし、組織ごとに秘匿のレベルに違いがある。また、個々のスパイだけでなく、組織自体についても同じことが言える。

そうしたなか、組織をも含めて完全に秘匿してしまうケースがあることがわかった。「日本のスパイ」網の主軸とされる公安警察の秘密部隊のことである。警察関係者は、こう語る。

「公安の秘密部隊の歴史は長く、起源は戦前に遡る。その当時こそ『(内務省警保局保安課)第四係』との名称があったものの、構成メンバーの氏名は明かされていなかった。そして、戦後になると、米国の赤化防止策に乗じて共産党にかかわる工作を行うとして警察庁警備局に『第四係』を復活させたが、名称は秘匿され、関係者のみに通じる『サクラ』というコードネームが与えられた。拠点が置かれたのが警察大学校内の『さくら寮』なる建物であったからだ。メンバーの氏名も当然、秘されていた」

だが、このベールは剝がされた。

1986年11月、共産党の国際部長宅の電話が盗聴されていたことが発覚したのが事の始まりだった。通報を受けた警視庁は捜査を断固、拒否したものの、部長の訴えを受けた東京地検が捜査に着手。その結果、盗聴が公安警察による非合法工作活動であったこと、それを行ったのは「サクラ」のコードネームを持つ秘密部隊であることが明らかにされ、警備局長が辞任に追い込まれたのだった。

「一度、表に出てしまったものは、もはや使い物にならない。警備局は事件後、ほとぼりが冷めたのち、『チヨダ』とコードネームを替えて、再出発した」

同関係者は、そう語ったのち、さらなる〝転身〟についても言及した。

「1990年代半ば以降、過激な宗教カルト・オウム真理教によって数々の不可解な事件が引き起こされ、その最中、『チヨダ』の存在がマスコミで流布されるようになると、今度は『ゼロ』となった。存在しない組織を、との思いから命名されたようだ。もっとも、これもマスコミで報じられるようになってしまったが、いまもそのままだ」

半ば公然化しているという公安警察の秘密組織だが、非合法活動をも辞さない構成メンバーについては秘匿が堅持されているという。同関係者が続ける。

「構成メンバーの中には情報提供などに応じてくれる協力者の獲得や運用、管理といった合法的な工作を担当する者もいるが、これらについても氏名はもちろん身元を明かすようなことは一切せず、偽名等を用いている。盗聴やピッキングはもちろんのこと、さらなる複雑な工作にかかわる精鋭部隊の場合は、さらに厳格で、偽装のための会社や身分などまで周到に用意している。とくに外国の大使館関係者や、それを偽装として活動するスパイらと対峙する際には欠かせない備えだからだ」

精鋭部隊は警視庁公安部を中心に全国の警察から集められた者も加えて百数十人。その面々が身元を秘し、名前を変え、日夜、きわどい情報工作に奔走している、と言うのである。

ただ、情報工作の中身までは踏み込もうとはしなかった。そこで、先の諜報関係者に話を聞いたところ、想像もしなかったような数々のことが明らかになった。

まずは公安警察の秘密部隊のコードネームだが……。
『チヨダ』とか『ゼロ』なんてない。誰かが目くらましで、そう言ったのだろう。公安警察は、それを偽装のひとつとして黙認している。本当のコードネームは別にある。こういったものは、存在しない、させない、というのがこの世界の鉄則だ」〉
ハニートラップに続いては、カネに物を言わせる工作を紹介しよう。

中国IT企業の驚愕の接待費 公官庁にもアプローチか

2021年9月、IT企業の幹部が、こんなことを口にした。

「中国のIT企業が販売拡大に懸命で、部長級ですら『月に200万円は経費として使うように』との指示が出されており、このコロナ禍で使いきれずに困っているそうです。役員となれば、500万円、1000万円といったところでしょうか」

いまの時代に過剰な接待経費とは不可解だが、実は背景には、このIT企業が世界的に好調であるという事情があった。日本法人の低迷とは打って変わって、増収増益を確保していたのだ。

こうした状況を前提に、本社は、日本支社に檄《げき》を飛ばしていたのだという。

「販売先に強く働きかけよ」

経費の大盤振る舞いは、これに端を発していたようだ。何とも景気のいい話だが、懸念の声もある。

公安関係者が語る。

「年間、億単位のカネが拡販という名のもとの工作資金になっているのではないかと案じられる。企業だけでなく公官庁へのアプローチも復活させるとすれば、情報保全の観点から大問題だ。確認が必要だろう」

中国による水面下での情報工作の有無を注視していたわけである。

それからおよそ一月後。同社の動きを探ったところ気になることが多々、確認された、と同関係者は明かした。

「企業への接待工作のほか、国会議員事務所への訪問などを行っていることもわかった。もっとも、議員事務所への表からの働きかけは日常茶飯事のようで、あまり効果はない。それよりは経団連主催の懇親会の席やその二次会などがポイントのようだ。高級クラブを舞台とした艶やかな接待に加えて、多額の金銭が行き交っている」

接待の場面では、中国市場で利益を上げている大手商社のサポートが目を引いたという。いずれもカネに物を言わそうという中国らしい手法と言えよう。

さて、今度はまたハニートラップだ。

官邸が見舞われたダブルのハニートラップ

「どうにも許せない！」

２０２２年春、岸田文雄首相が、ある人物に対して激しい怒りをぶちまけた。その人物とは、経済安全保障法制準備室長であり、かつ国家安全保障局担当内閣審議官でもあった藤井敏彦だとされる。

すでに更迭され、職を辞した人物に、いったいなぜ——。

取材を重ねると、複雑な事情があることがわかった。時間の流れに沿って話を整理しよう。

「いったい誰が漏らしてるんだ？」

2月2日、官邸に怒りの声が響き渡ったのが、事の始まりだった。声の主は、岸田首相当人であった。政権の目玉政策である経済安保について、その法案の核心部分が朝日新聞にすっぱ抜かれたのを前に、自制できなかったという。

それから数日後の2月8日、藤井が更迭された。世間では、週刊文春が藤井氏の無届の兼業や不倫問題を取材し、追及したことが理由とされているが、実は岸田首相の激怒こそが原因であった。

当時、政府関係者は、こう語っていた。

「問題の記事は、2月2日の朝日朝刊だ。この前日、経済安全保障法制に関する有識者会議が法制についての提言をまとめ、小林鷹之経済安全保障担当相に手渡したが、これを受け、各紙がその内容を報じるなか、なぜか朝日だけが『罰則規定』について書いていた。政権が慎重に扱おうと秘していた核心部分だ。しかも、朝日は、反対の論調で、これを扱っていた。

おまけに当日、自民党本部で経済安全保障対策本部の会合が開かれることになっていた。有識者会議の提言をもとに、今後の方針を話し合うはずだったのだが、ここまで提言の内容が漏れてしまっていては、間の抜けたものとならざるを得ない。かくして首相の怒りが爆発したわけだ」

それからおよそ1か月が過ぎた3月9日。更迭後に藤井が帰任した経済産業省が同人に対して懲戒処分を行うとともに、処分の原因となった数々の違反行為について公表したのだが、これが岸田首相の怒りを倍増させたというのである。

先の政府関係者が語る。

「公表された文書には、朝日新聞の女性記者宅に何度も出入りしていたことや職場でのセクハラ、さらにはタクシー券の不正使用や講演などによる高額報酬の受け取り、飲食費の付け回しなど、色とカネにまつわる違法行為がこれでもかといわんばかりに羅列されていたため、政府内では驚きとともに、『経産省は藤井個人の問題として徹底的に指弾することで省を守ろうとしている』との声が駆け巡った。だが、岸田首相の癇《かん》に障ったのは、情報漏洩についての部分だった。

藤井が中国のハニートラップに掛かっていたのではないかと思わせる記述があり、わかる者が読めば、ピンとくるものだったからだ。経産省としては省を守るのに必死だったのだろうが、あれはまずい」

問題の文書には、こんな記載がある。

〈朝日新聞記者に対し、国家安全保障局在籍中にて知り得た作成中の法案の内容について漏洩した疑いがあったことが報道されているが、被処分者及び朝日新聞への確認の結果、また、報道で指摘されている令和4年2月2日付朝日新聞の記事の内容が既に部外関係者等に対し説明済であったことなどから、国家公務員法第100条に規定される情報漏洩は確認できなかった。

他方、国家安全保障局の幹部が、かつて国家安全保障局を担当していた記者の自宅に複数回単独で出入りしていること自体が、上記のような情報の漏洩を疑わしめ、ひいては、国家安全保障局の情報保全能力に対する疑念を生じせしめたものであり、国家安全保障局の幹部職員として不適切であった〉

前出・政府関係者が続ける。

「文書では、情報の漏洩は確認できなかったとしているが、それを鵜呑みにする者はいない。この女性記者が、さる大物自民党議員の孫であり、しかもその議員が親中とみられていたため、中国によるハニートラップを疑う声が続出している」

朝日だけではない電機メーカーの女性

しかも、問題はこれに止まらなかった。同関係者は、別の文書に言及した。内閣官房が公表したものだ。そこには、こう記されていた。

〈元内閣審議官藤井敏彦氏に関し、報道において、同氏が電機メーカーA社の女性社員X氏を国家安全保障局の自らの執務室に複数回入室させていたとの指摘がなされたが、これに関し調査を行った結果は以下のとおり（中略）4回、A社の関係者が藤井元審議官を来訪していることが確認された〉

同関係者が明かす。

「実は、この女性に問題があることが判明した。女性は、企業買収や、その資金準備などにおける中国の有力なエージェントである公認会計士（前述の工作員教育を受けた人物）と連絡を取り合う関係にあるため、中国の工作員のひとりと目されている人物だとの情報が寄せられている。

この文書でも、やはり情報漏洩などはなかったとしているが、同じく鵜呑みにする者などいない。で、岸田首相は、怒りを募らせたわけだ」

先の経産省の発表文書には、こんな呆れた記載もあった。

〈国家安全保障局の調査によれば、被処分者は国家安全保障局在籍時に、内閣官房所属職員に対し、複数回にわたり、性的な内容を含むショートメールを送信していたことが確認された〉

要するに藤井は、女性に著しく関心が高かったわけだが、そこに中国が付け込んだというのが政界・官界の定説となりつつあったというのである。

軍事面だけでなく経済面でも覇権主義的な動向を露わにする中国を念頭に制定されようとしている経済安保法制の準備責任者が、当の中国のハニートラップに実際にはめられていたとしたらとんでもない醜聞だが、実は中国の手は藤井の周辺にも及んでおり、それによって意外な余波が生じつつあった。事態は、さらに悪化したという。

前出の政府関係者が語る。

「怒りの矛先が意外な方向にも向けられたようで、公安調査庁が経済安保にかかわることを禁じられる可能性がある。すでに新年度の予算が付き、組織の拡充も行われているが、すべてパアかもしれない」

なぜ藤井の問題が公安調査庁に影響を及ぼすのか尋ねたが、

「藤井と昵懇《じっこん》の人物が公安調査庁で経済安保のアドバイザーのようなことをしていたからだ」

と言うばかりだった。

そこで、当の公安調査庁幹部に話を聞いてみると、こんな答えが返ってきた。

「確かに関係はあるが、あくまでも経済安保に通じる人物として協力してもらっているひとりに過ぎない。したがって、うちが問題になるとは思えない」

だが、経済安保にかかわる捜査の取材で会った警察幹部は、こんなことを言うのだった。

「そういえば、公安調査庁は、（経済安保から）外されるともっぱらの噂だ。うちは、そんなことはないいけど」

まさに政府関係者の話を裏付ける発言だった。

こうなると、公安調査庁パージは岸田政権にとって既定の事実であるかに見えてくる。だが、なぜそうなるのか依然として見えてこない。

そんな最中、官邸筋からこんな証言が寄せられた。

「公安調査庁のアドバイザーは、問題のある女性とかかわりがある。中国の工作員と目されている人物だ。そういった女性とかかわる以上、中国に工作されていないはずがない。藤井同様、ハニートラップに掛けられていた疑いが強い」

こうした報告を聞くなか、岸田首相は、公安調査庁という組織の体質についての不信感を募らせたというのである。

同筋は、ダメを押すかのように、こう吐き捨てた。

「問題のある人物を、背景調査もせずにアドバイザーのように遇していたとすれば、組織として危機管理意識に欠けているとしか言いようがない。そんな組織に重要な経済安保は任せられない」

言われてみれば否定しがたい。警察幹部が「うちは、そんなことはない」と言った意味が深いことも再認識させられる弁だ。

それにしても、中国の手は長い。日本の政府中枢が手玉に取られていたようなものだ。その不甲斐なさを前に、岸田首相は、怒りを公にできず、今後どうしたものか悩んだともいうが、何よりも求められるのは、真相の究明だ。

が、結果は、なし崩し。公安調査庁も、何事もなかったかのように活動している。

続いては、クスリ。

安倍昭恵元首相夫人に中国の魔の手
大麻にかかわっている日本人を差し向け……

2015年初夏。昭恵夫人の姿は山梨にあったという。その当時の公安当局の資料から、こんなことが明らかになった——。

夫人は、富士山の麓・富士吉田市に拠点を置く新興宗教団体・不二阿祖山太神宮を訪れ、参拝。さらに、団体代表の宮司らと神社内で写真撮影などしたのち、近くのしゃぶしゃぶ店に場所を移した歓迎の食事会にも出席していた。

主催したのは、団体側である。目的は、この団体が開催しているイベントに昭恵夫人の協力を請うためだった。

イベントというのは、「ＦＵＪＩＳＡＮ地球フェスタＷＡ」なるもの。〝ＷＡ〟は、和であり環、輪であり円であり縁であるそうだ。愛と平和のシンボルだともいう。趣旨については、「未来の子ども達に、美しい地球を、そして日本古来の古き良き生き方を残してあげたい」と謳っている。

語呂合わせといい、趣旨といい、いったいどんなイベントなのか理解に苦しむが、その後、昭恵夫人は、このイベントの名誉顧問に就任。「未来の子ども達のために、ＦＵＪＩＳＡＮ地球フェスタを応援します」との応援メッセージまで発したのである。

だが、彼女の貢献は、これに止まらなかった。名誉顧問に就任した２０１５年、内閣府をはじめ、９もの省庁がイベントを後援するようになり、70人を超える国会議員が顧問などに就いたのだった。昭恵夫人の存在なくしては、考えられない特別待遇であった。

夫人自身は、２０１７年にこの件が報じられ、問題視されるようになると、名誉顧問を辞したようだが、イベントは、その後も毎年、開かれており、やはり多数の国会議員が役員を務めているなど盛大なものであった。

そんなか、新興宗教団体に対する特別待遇とは別の観点から、この一件が改めて注目されたというのである。２０２２年９月のことだ。

公安関係者が語る。

「昭恵夫人が団体との関係を深めるきっかけとなったしゃぶしゃぶ店での会食の席に、おかしな面々が紛れ込んでいたことが判明した。海外の情報機関から通報ならびに問い合わせがあった」

情報機関に名指しされたのは、CBD製品を取り扱う事業を営む2人だったという。CBDとは、Cannabidiol（カンナビジオール）の略称。大麻から生成される成分で、安全でありながらも抗鬱効果などがあるとされ、健康・美容業界の注目を集めており、それを用いた製品が数多くある。

要するに合法的なものだというのだが、昭恵夫人と大麻となると、これまた物議を醸すに違いない。ただ、それにしてもなぜ2人の同席に情報機関が関心を持つのだろうか。

「端的に言えば、中国が関係しているからだ。2人は、中国の指示を受け、昭恵夫人の大麻スキャンダルを仕掛けるために、食事会の席に紛れ込み、接触を図った。で、まんまと成功し、その後に至っている。情報機関は、2人の最近の動向についての情報などを求めた」

公安関係者は、そう言ったのち、動向確認の結果についても明かした。

「2人が人民解放軍のホテルとされる京西賓館に電話を入れる形で党の幹部と直接連絡を取っていることが判明した。なお、国内の窓口は新潟総領事館に駐在する軍の情報担当者だ」

北京市の目抜き通りのひとつである陽房店路にある京西賓館は、1000室を超える客室、1300人が収容できる大ホールをはじめ、70にも及ぶ会議室と40以上のレストランを備えた大ホテルだが、人民解放軍の旧総参謀部の施設であるため厳重に管理されており、一般人はオフリミット。利用者は党や軍の幹部に限られている。党の中央委員会など重要な会議が開かれるのも、そういった安全性と秘匿性ゆえのことだという。

そんな枢要施設に2人は、頻繁に連絡を入れているというのである。

同関係者は、こう続けた。

「党中枢が指揮している工作のひとつだ。この指揮系統には、日本の有力IT企業のトップへの工作なども含まれていることがわかっている。当該企業は、中国との提携なども断行しており、その点からしても、夫人への工作の今後が懸念される」

工作の開始から7年余。その間、夫である安倍は、首相の座を降りたばかりか、2022年7月には凶弾に倒れ、すでにこの世にない。だが、同年9月末に行われた国葬には世界各国の要人が弔問に訪れるなど、その威光はなお健在だった。中国は、その未亡人に魔の手を伸ばそうとしていたのだという。

クスリを誘因としたこの工作がその後、立ち消えになって何よりと言うほかない。

同年末、続いて露見したのは、またまたハニートラップ。これに欠かせないのが、ひとたちの脇を甘くさせる酒だが、そのふたつが交錯する高級クラブにも中国が……。

有名クラブ人脈を狙う中国
総書記直轄の「工作拠点」設置の狙いも

米国から日本の公安当局への緊急通報で、政官財の要人らが夜のサロンとして頻繁に利用している有名クラブが名指しされ、密かに騒動になった。年の瀬が押し迫った2022年12月のことだ。

「あの店は、まずいのか？」

「まさか、おれのところに公安が来るようなことはないだろうな？」

各界の名士たちは、そんな狼狽《ろうばい》の声を上げたという。

だが、公安当局の当面の関心は、別のところに向けられていたようだ。

関係者が語る。

「通報では、クラブの名称やママの氏名のほかに、日本の企業経営者らと中国大使館員らの氏名なども挙げられていた。また、通報の中身からすると、米国は、在日米軍の基地や軍人らに対する中国側の工作を懸念しているとみられる。そのため、まずは名指しされた面々の過去の調査と現在の行動監視、およびその分析が最大の課題となっている」

当局が徹底マークし始めたのは、5人だという。

ひとりは、さる企業の経営者。そして、次が、その妻である中国人女性。

　この2人が中国総領事館の指示のもと、政財官界に広い人脈を持つ有名クラブのママに接近し、工作を展開しているとみられている。ちなみに、このママが3人目だ。すでに籠絡され、協力者になっているようだ。

「ママも経営者らの背後に中国がいることを承知している。そのうえで、要請に応え、来店する政財官界のVIPらに『中国に行こうよ』などとしきりと声を掛けている」

　公安関係者は、そう語ったが、これら3人に加えて、中国人2人がマーク対象となっていると明かす。そして、2人ともなかなかの大物だと言い、続けた。

「ひとりは領事館幹部。2002年からクラブに通っていたことが確認されたが、それ以上に驚かされたのは、もうひとりの方だ。大使館員は表の人物に属するため、クラブに出入りしてもさして違和感はないものの、こっちは実は決して顔をさらさないはずの人物だったからだ。何者かと言えば、旧人民解放軍参謀部第二部すなわち情報工作の専門部署に所属する主要工作員。馬某と名乗っている。日本での活動は、主には日本人協力者の指揮・命令・管理など。そういった人物が2017年頃より年に1~2回のペースで同店に来店。当初は、ファーウェイの社員との肩書であったが、現在は、貿易商と称している」

　さらに詳細に探ってみると、今回の工作では、経営者を現場工作員に起用し、基本的には表には出ない形で工作を展開していることがわかった。ただし、多額の金銭が動く場合は例外であり、自らが工作対象らと接触することもある。同店への出入りは、こうした例外に当たるとみられている」

ところが、つい最近、はるかに上の人物も関与していることが判明し、公安当局に激震が走ったという。

「先頃、クラブのイベントがあったが、その場に習主席直属の工作指揮官が姿を見せた。何某なる人物だ。正式には、総書記弁公室すなわち習の秘書室に所属する側近だ。

この秘書室には、最側近集団たる極秘の『セクレタリー・チーム』もあるが、ここにこそ属してはいないものの、党中央の組織を統括して、工作指令などを発している点では職務内容に違いはない。実際、対日工作の総責任者（前述の林の上司）であり、香港や上海をベースに活動する工作員らを束ね、日本の金融機関や商社への工作の指揮を執っている人物だ。

ちなみに、何は、（2022年10月に開かれた中国共産党の）第20期中央委員会で中央軍事委員会副主席に抜擢された東部戦区（台湾方面を管轄）前司令官・何衛東の親族でもある。

そうした大物が今回、密かに来日したため、われわれどころか米国も衝撃を受け、色めき立った。で、その目的を探ったところ、日本において習主席が直轄する新たな工作拠点を設けるためとの見方が浮上した。これは、ただ事ではない」

公安関係者は、そんな事実を明かしたのだった。

ただ事ではない――。いったい、今後、どんな工作が展開されるのだろうか。

このママの人脈は、先に述べたが、官界にも及んでいる。輸出規制や企業買収などの規制当局にさえも顔が利くとされる。だが、問題はこれに止まらない。極めて悩ましい人脈も有しているというのだ。

一連の証言をした公安関係者が打ち明けた。

「クラブのイベントに警視総監経験者まで来ていたのには、驚きを通り越して呆れた。いまだ政府に関係しており、公安当局の主軸たる警視庁公安部に影響力が発揮できる人物だ。下手な情報が流れれば、中国の工作を封じにくくなる。頭の痛い問題だ」

同関係者は、中国の手の内、出方が読み切れていない状況下で、こうした不安材料にぶつかり、困惑の様子であった。

アルコールを交えたハニートラップは、さぞ甘いことだろう。だが、カネの誘因もやはり大きい。これにまつわる工作も、また発覚した。

中国の政治工作資金源 上場企業が関与

「これまで10年以上も動向監視などをしてきた上場企業の代表者のほころびをついに見つけた」

２０２３年2月、公安関係者が会心の笑みを見せ、こんな事実を明かした。

「代表者の関係者のキャッシュカードとクレジットカード（ダイナース）が、中国大使館の幹部に供されていたことが判明した」

同関係者によると、上場企業とは、東証スタンダード市場に上場している太陽光発電関連の会社だが、架空取引がらみの経済事件で警視庁捜査二課の捜査線上に上った過去がある。

捜査では、中国との密接な関係が問題になっていた大手広告代理店の子会社が主導した架空取引に関係したばかりか、この取引が問題になったのちに、その事業部門を代理店本社が引き取るほど関係が深かったことが明らかになっている。

もっとも、当時、こうした点に焦点が当てられることはなかった。代わりに反応したのが、事件の概要を察知した公安部だったという。

「中国の影が見えてきた段階で、会社の役員らの動向監視や通信記録のチェックを開始した。だが、奴らもしたたかで、なかなか尻尾を出さない。そんななか、長らく時間が空費された」

公安関係者は、そう回顧したうえで、続けた。

「だが、ついに金融関係の捜査が実を結んだ」

公安部の捜査で確認されたのは、代表取締役である黒沢健（仮名）の妻・美紀（仮名）名義のキャッシュカードとクレジットカードが中国大使館領事僑務部（華僑を担当する部署）に籍を置く幹部に渡され、使用されていたことであったという。

黒沢は、自社がかかわる架空取引事件について詳細な報道がなされた2012年に妻と離婚しているが、これは株主代表訴訟などを懸念しての財産保全の目的であり、あくまでも偽装とみられている。したがって、その後も夫婦関係は実質的に継続され、妻名義のキャッシュカードやクレジットカードは意のままにできたのだという。

それにしても、資金が潤沢そうな中国大使館の幹部に対し、こうした便宜を図るとは何とも不可解な話だ。だが、実はなるほどと得心してしまうような事情があった。

公安関係者は、この便宜供与の理由について、こう解説したのである。

「政治工作の場面では、中国大使館あるいは大使館員の名前が表に出ないカネが不可欠だ。折々の贈答品にしろ、接待の場での支払いにしろ、大使館名義や大使館員名義のクレジットカードを使えば、足がつく。それに政治家に渡す何十万円もの車代なども、大使館あるいは大使館員の口座から引き出せば、関連づけられる恐れがある。で、日本人名義のものが重宝されるというわけだ。言ってしまえば、政治家への配慮とわれわれへの警戒のためだ」

実際、公安部による捜査では、銀座の高級クラブで妻名義のクレジットカードは頻繁に利用されていることが判明しているという。

最大限の慎重さが求められる政治工作には、資金面においても事情は変わらないというわけだが、そのバックアップに大手広告代理店と深い関係にある上場企業の代表者がかかわっていようとは……。

しかも、その後の捜査によって、黒沢がさらに中国と密接であることも明らかになった。頻繁に利用されている銀座の高級クラブを経営する会社の取締役に就任し、実質的に運営していたのだ。このクラブを始めたのも中国に請われてのこととみられている。

公安関係者は、こう語る。

「日本人を使った中国によるハニートラップの場を設定したのが黒沢というわけであり、両者の関係の深さは半端ではない。僑務部は在日の中国人ビジネスマンらのサポートを名目に、実際はビジネスマンを工作員として使い、政治工作などを展開している部署であるから、さぞかしありがたがったことだろう。

ちなみに、黒沢のメリットも少なくない。店で妻名義のクレジットカードを使わせ、支払いを負担している以上、中国側からは水面下でかなりの資金提供がなされているに違いない」

同店を訪れる政治家の数は少なくない、とも付言した。

やはりカネ、そして色の力は、偉大なようだ。

その証拠に、国外の公務員にも威力を発揮していることがわかった。在中国の日本大使館や領事館に対し、中国がスタッフとして工作員を派遣していることはつとに知られていたが、国連などに奉職する日本の公務員も、その罠にはまっていた。

中国に狙われる国際公務員
国連に多数の職員を輩出する日本もターゲット

２０２４年4月、国連への中国の工作について衝撃的な告発がなされた。

「これまでなかなか公にはならなかったことで、注目すべきものだ」

公安関係者は、そうコメントした。

告発したのは、国連人権高等弁務官事務所の元スタッフでアイルランド人のエマ・ライリー。4月16日、英国議会の外交事務委員会に中国の国連工作についての報告書を提出したのである。

報告書には、数々の工作事例が列挙されていた。まずは、国連総会議長に関するもの。

〈２０１３～15年にかけての2年間、持続可能な開発目標（ＳＤＧｓ・Sustainable Development Goals）に関する交渉の中で、中国共産党は国連総会の議長２人に賄賂を渡し、国連総会に提出される文書に影響を与えた〉

などと記されている。

２人の議長とは、ラテンアメリカ・カリブ海グループのジョン・アッシュとウガンダのサム・カハンバ・クテサ。後者については、２０１５年7月、国連総会議長として中国を訪問し、熱烈な歓迎を受けたとも指摘している。

また、中国のＷＨＯへの工作は先に記したが、これについても言及。ＷＨＯが中国共産党の影響下にあり、新型コロナウイルスが武漢ウイルス研究所の実験室からの漏洩である可能性を示唆する記述を報告書から削除させたとし、証拠も提出した。

告発は、さらに続く。

今度は、人権高等弁務官事務所の悪質な事例だ。事務局が海外在住の中国の反政府派や人権活動家の名簿や個人情報などを中国共産党に密かに提供し、その結果、活動家やその家族が中国警察——いわゆる「外国警察」から圧力をかけられ、活動を止めさせられたと報告したのである。なかには、不当に逮捕され、軟禁や拷問を受けたうえ、強制収容所に送られる者もいるとした。

また、海外での活動に参加したのち、中国に帰国して拘留され、その間に死亡した事例があることや、海外で活発に活動する非政府組織の代表者に対して国際刑事警察機構（インターポール）を通じて国際手配をかけ、身柄を拘束しようとしたこともあったとしたのだった。

極めつけは、国連の事務総長。アントニオ・グテーレス事務総長は、中国共産党にとって不都合な特定の問題については議論を避けていた、と指摘したのだった。密約もあるとした。その中身は、中国からの資金が台湾と外交関係を持つ国々に流れないようにするというもので、国連の趣旨に反するものだが、これも受け入れられているというのだった。

なんともはやという状況だが、これらの工作のうち、国連総会議長の件は米司法当局によって立件されている。

２０１５年10月、米ニューヨーク検察がジョン・アッシュ元議長を収賄の疑いで逮捕。２０１１年〜14年の間、中国政治協商会議の委員である呉立勝をはじめとする複数の中国人実業家から合わせて１３０万ドル以上の賄賂を受け取り、見返りに中国のビジネスの利益を後押しするために彼の権限を使ったとし、訴追したのである。

中国の工作の一端は、かくして白日のもとにさらされたわけだが、しかしながら、この手の工作は、いまだ続けられている。いや、それどころか、さらに範囲を広げて行われているというのだ。

前出の公安関係者が語る。

「現在、中国は、国連全体をターゲットとしており、その職員たる国際公務員はすべて工作対象と言っても過言ではない。そこで、問題になるのが国連に多数の職員を輩出している日本人。実はカネをはじめ、ありとあらゆる誘因を駆使した過激な工作を受けた結果、籠絡されてしまう者もいる。

最近、中国のエージェントとして重点監視対象になっているのは、国連の専門機関・世界銀行の元幹部。現職の頃、色とカネで籠絡され、同行が有するアフリカ情報を中国に提供し、中国のアフリカ政策の展開に大きく寄与したばかりか、いまも関係が続き、アフリカに進出する日本企業の情報などを提供している。これについては、米国も把握し、激怒しており、フルマーク状態にある。

また、国連本部の要職を務めた人物も、籠絡され、中国のプロパガンダのお先棒を担いで、あちこちで講演などをしている」

公安当局にリストアップされている日本の国際公務員は、ほかにも複数おり、工作途上の者は、さらに多いという。

国内ばかりか、海外の日本の俊英も中国の毒牙にかかっていようとは。もはや手付かずの部分は皆無と言ってもいいほどの状況だ。しかし、日本政府は、対策を講じない。馬耳東風。あるいは糠《ぬか》に釘と言うべきか。それとも中枢にまで毒が回りきっているのか。

まさか⁉

事実でないことを祈りたい。

あとがき

諜報にかかわる取材を手掛けるようになって30年を超えた。が、その間、日本が草刈り場のように荒らされる「スパイ天国」状態は一向に変わっていない。

国が動かないのである。

その一方、スパイ事例などを報じる書籍や雑誌は下降線をたどる一方だ。廃刊したものもある。結果、取材がしにくい状況に陥るばかりか、発表の場すら失われつつある。いつまで取材・執筆が続けられるかわからない。さらに、取材源の高齢化や病苦が追い打ちをかけている。

つい先日も、昔気質のスパイ手法を頑なに守り、メールはおろか、携帯電話さえほとんど使わず、情報収集対象者と相対する時にはポケットに手を入れ、そのなかでメモを取るという人物が病に倒れた。国内に限らず、海外の諜報機関とも通じ、豊富な人脈を誇るとともに、それこそ世界中の諜報工作について知悉《ちしつ》していただけに、その退場を補うのは容易なことではない。

いや、不可能かもしれない。というのも、この諜報という仄暗《ほのぐら》い世界では、手塩にかけて後輩を育てるといったことはしないからだ。もちろん、基本的な技術や手法は教える。が、諜報対象者とのやり取りの機微など、肝心な部分は誰にも明かさない。明かせば対象者を危険にさらしかねないからだ。したがって、〝一子相伝〟のようなことは、まずない。あくまでもひとりひとりが自ら道を切り拓いて歩む世界なのである。

かくして、この国の利益が損なわれていく。これまで記してきたとおり、それこそ毎日のように……。

そろそろ「スパイ取締法」が作られるべきである。

と同時に、諜報機関の拡充と人材育成に舵を切る時だ。一番のネックは費用ということになるのだろうが、国益の観点に立てば、大した額ではない。ひとりの人材を育てるのに、年間1億もかかるまい。かかってもせいぜい数千万。防衛省がミサイル一基、取りやめるだけで、2～300人の育成費用が賄える。同様のことを毎年やれば済む話だ。さらに、もう少し削れば、諸外国と何とか対峙できそうな1000人規模の人材、機関を整えることもできよう。

防衛は防諜と諜報からというのが世界の常識と言われる。原点を見据え、旧弊を改めて、遅まきながらも、そろそろ動き出す頃である。

本書が、その一助になれば、と願わざるを得ない。

著者

著者プロフィール

時任兼作（ときとう・けんさく）

慶應義塾大学経済学部卒。出版社勤務を経て取材記者となり、各週刊誌・月刊誌に寄稿。カルトや暴力団、警察の裏金や不祥事の内幕、情報機関の実像、中国・北朝鮮問題、政界の醜聞、税のムダ遣いや天下り問題、少年事件などに取り組む。著書に『特権キャリア警察官　日本を支配する600人の野望』（講談社）、『「対日工作」の内幕　情報担当官たちの告白』『図解自衛隊の秘密組織「別班」の真実』（共に宝島社）など。

スタッフ

カバーデザイン／妹尾善史（landfish）
編集／小林大作、中尾緑子
本文デザイン＆ＤＴＰ／株式会社ユニオンワークス

密探《ミッタン》

日本で暗躍する中国のスパイ

2024年12月26日　第１刷発行

著　者　　時任兼作
発行人　　関川 誠
発行所　　株式会社宝島社
〒102－8388　東京都千代田区一番町25番地
営業：03－3234－4621
編集：03－3239－0928
https://tkj.jp
印刷・製本　中央精版印刷株式会社

ISBN 978-4-299-06185-0